该书系湖南省哲学社会科学基金项目“基于物联网技术的电子商务‘减量化’包装设计研究”（12YBA110）和湖南省教育厅青年项目“基于二维码技术的电子商务‘零包装’设计研究”（12B033）的结题成果之一

大道有形

现代包装容器设计理论及应用研究

柯胜海 著

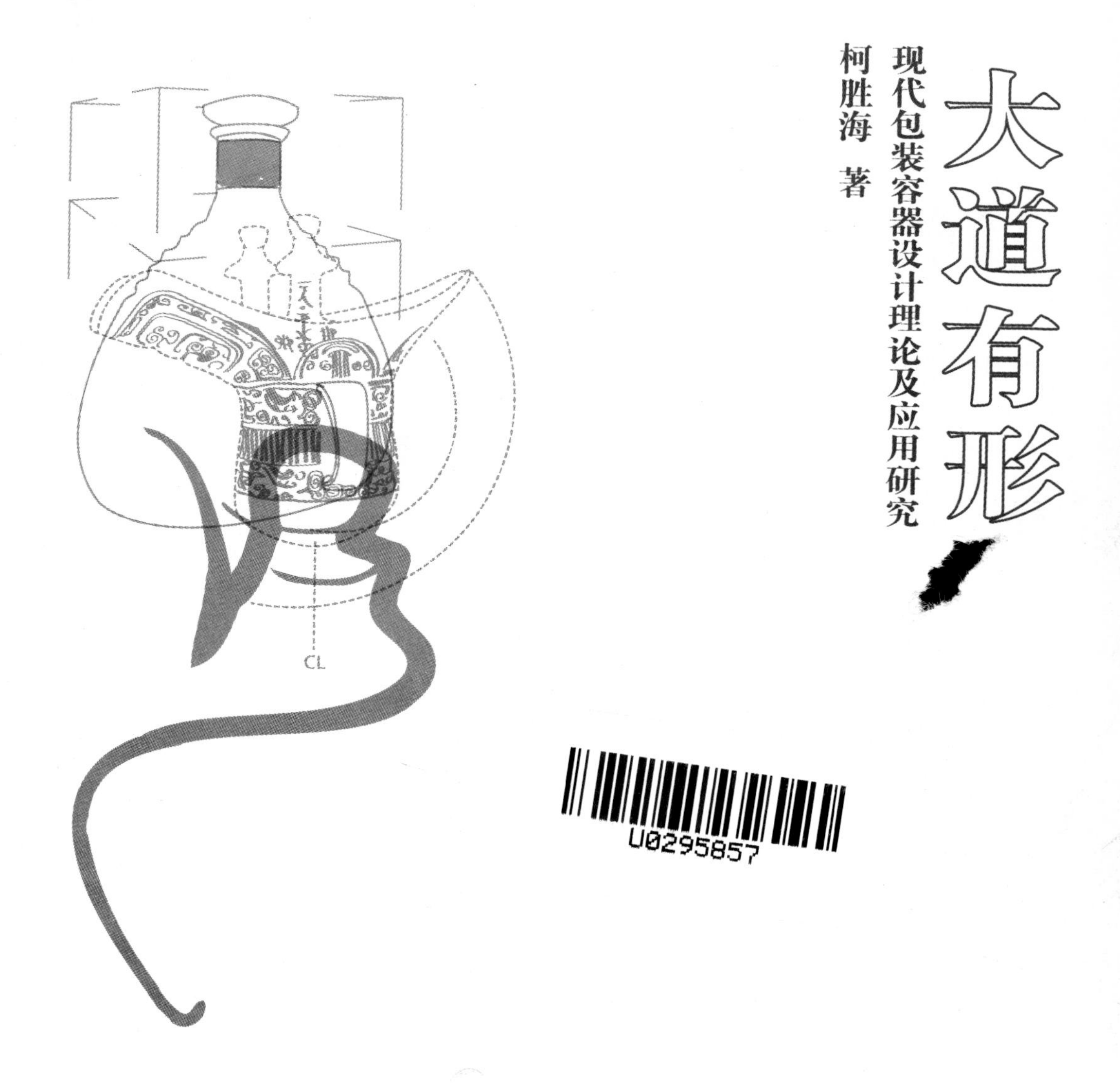

合肥工业大学出版社

图书在版编目(CIP)数据

大道有形:现代包装容器设计理论及应用研究/柯胜海著.—合肥:合肥工业大学出版社,2013.6(2016.8重印)

ISBN 978-7-5650-0973-0

Ⅰ.①大… Ⅱ.①柯… Ⅲ.①包装容器—造型设计—理论研究 Ⅳ.①TB482

中国版本图书馆CIP数据核字(2012)第254412号

大道有形:现代包装容器设计理论及应用研究

柯胜海 著　　　　责任编辑 王 磊

出 版	合肥工业大学出版社	版 次	2013年6月第1版
地 址	合肥市屯溪路193号	印 次	2016年8月第2次印刷
邮 编	230009	开 本	710毫米×1010毫米 1/16
电 话	综合编辑部:0551-62903204	印 张	18.75
	市场营销部:0551-62903198	字 数	195千字
网 址	www.hfutpress.com.cn	印 刷	合肥星光印务有限责任公司
E-mail	hfutpress@163.com	发 行	全国新华书店

ISBN 978-7-5650-0973-0　　　　定价:48.00元

序

在包装设计中，容器设计的重要性是不言而喻的！它在决定包装功能能否实现的同时，还影响包装的形态、经济属性、生产工艺和视觉审美。无怪乎有人说：容器设计是包装设计的基点，也是最根本点。

包装容器的重要性，一直受到了设计者的关注和重视。从上个世纪八十年代包装行业地位不断提升，包装设计益日受到重视以来，有关包装类的书籍，不同程度、或繁或简地提到了容器设计，并提倡其重要性。据笔者不完全的统计，有关这方面的书籍有近二十种之多。但这些书中，大都囿于容器造型的形态种类、设计的基本原则和方法以及一些修饰处理等内容。事实上，包装容器的设计应该围绕以下几个方面来进行：

首先，材料的合理性。任何容器都是建立在一定的材料基础之上的，但材料是具有多样性的。因此，对包装容器来说可以选择不同的材料，而材料的不同，即使功能均可以满足，但在工艺、技术、经济成本，以及随后的物流、废弃物处理等方面都是有明显的差异的。所以，慎选容器材料，是包装容器的基点。

其次，形态的合理性。包装容器的形态虽然取决于盛装物（商品）的形态和商品属性，但在相同属性和形态下，容器也是可以多样化的。选择合理的形态，除了最大限度地满足盛装功能之外，还影响到加工工艺、物流以及商品的使用方式等各个环节。因此，它不是建立在设计师个人的一种凭空臆想和随意取舍的基础上，而必须仔细深入考量包装物属性的功能保障、生产工艺技术、经济成本和购买使用便利性等方面。如食用油包装容器，容器的大小给消费者造成的心理和生理影响是众所周知的。

再次，使用的便利性。这是指包装容器在流通和销售以及使用过程中，对生产者和消费者搬运、储存和使用行为的影响。它包括是否方便储运、是否便于使用等，这方面除了受到前面所说的材料、形态的影响之外，关键在于某些附属功能的设计和开启方式的安全便利等设计上，其设计性最能突出和体现是否以人为本的精神。

最后，经济成本的合理性。无论是从生产过程还是对社会发展的角度，都要求其以尽可能小的投入，获得最多、最大的经济效益。包装容器与一般的产品不同，它的生产和存在以及其他方面产生的影响，可形成一个生产链，牵涉到众多的环节。其经济成本包括直接成本、间接成本、环境成本等多方面，必须达到一种综合平衡。不能牺牲某一环节链条的成本、利益而顾此失彼。所以，综合考虑工艺的复杂性、效益性，合理分配利润，是设计者必须予以考虑的。

对上述这些方面的认识，毫无疑问是一个循序渐进的过程。除了人本主义的设计与社会发展和人类自身的发展紧密联系在一起之外，是资源、环境等问题，是经济发展到一定阶段而引发的。今天，当社会进入产品极其丰裕阶段以后，这些问题日益凸显，已经到了刻不容缓而必须要解决的阶段。

在我国由包装大国向包装强国行进的过程中，包装走绿色、低碳之路，应该落实到各个环节。在整个环节中，我们必须树立材料是基础，设计是关键，绿色、低碳是目标的理念。包装的成败得失，在熟谙材料的基础上，选择最合理的材料作为基点，并由此进行设计，而设计的思维、理念、原则、方法以及侧重点都必须与时俱进。《大道有形——现代包装容器设计理论及应用研究》一书正是在依照上述思路的基础上，结合容器造型形态的内在规律、容器制作方法模型来构建框架体系和展开论述的。

全书采用专题和个案结合的形式展开研究，并兼顾到专题与个案的逻辑关系，摒弃了传统研究为追求体例与内容完整而带来的大量知识性内容的呈现。毕竟，随着人类社会的发展，有许多在一定时期产生的理论、方法甚至创意性的理念，会逐步积淀成为众所周知的知识或常识。针对包装容器设计多学科、多技能交叉的特点，作者以开阔的学术视野和熟谙掌握的技能与技术，在包装开启方式、包装容器舒适度设计、包装材料质感的发掘与展现方式，以及包装容器舒适空间设计等方面作了深入的探讨。这些方面关乎到包装容器设计的创新与创意，在很大程序上决定着包装的发展之路是否符合科学发展观，因此，无论对设计思维，还是对设计实践均具有重大的价值和参考意义！

设计充满世界，人人都在享受设计，也可以影响设计，但设计的发展，未来优秀的设计，必须建立在具有众多良好素质和责任感的专业人员基础之上。如何培养优秀的设计人才，走出当前包装容器造型设计的误区，作者在书中也提出了自己鲜明的观点，他在书中所论及的容器造型设计教育的一种新的理念和方法——“五维一体”式计算机辅助教育方法，将整合包装设计理念与整合教育理念很好地运用到容器造型设计教育中，对设计教育无疑是具有启迪意义的！

本书作者柯胜海同志，虽刚步入而立之年，但多年来在包装设计领域辛苦耕耘、勇于探索，成果丰硕。从这本书我们可以感悟到设计研究的艰辛与快乐！这正如晚清著名学者王国维在《人间词话》中所提出的古今成大事业、大学问者所必经的三个境界一般。在商品经济大发展、物欲横流的当今社会，能有如此致力于学术研究的精神与态度，能有如此有价值成果的年轻学者，确属不易，值得欣慰！我衷心地期望他的学术研究日益精进，是为序。

朱和平

目 录

第一章 绪论

我国是一个包装大国，2010 年我国包装工业年总产值已突破 1 万亿元大关，成为仅次于美国的世界第二包装大国。尽管包装工业已成为国民经济 40 个主要工业门类排行第 14 位的支柱产业，但是我国却仍然未进入包装强国之列。这主要是因为我国包装在回收再利用、环保低碳以及原创性等方面较发达国家确实还存在一定差距，其中，尤以包装容器的设计与生产体现得最为明显。

什么是包装容器呢？包装容器是指为运输、储存或销售而使用的盛装包装物的容器，对其进行设计是包装设计中一个十分重要的范畴。设计一个好的包装容器造型是产品包装取得成功的关键。不过，要设计一个容量合理、造型美观、使用方便的容器造型却实非易事。究其缘由，主要还是在于人们对包装容器造型设计存有认识上的局限性。因此，上升到认识论的高度对包装容器的造型设计进行全面而系统的研究就显得十分必要了。为此，本书拟从包装容器造型设计的历史衍变、形态要素、思维与方法、形式美学、计算机辅助设计、材料选取、开启方式以及舒适度等几个方面加以研究探讨,以期对包装容器的造型设计有一个理性而系统的认识。

基于本书所要讨论的是包装容器造型设计的相关问题,所以,开篇肇始,我们先就包装容器造型的概念进行有条件的界说,以便对后续问题展开相关论述。

关于造型的概念,《辞源》中作了详细的解释:作为动词有“创造物体形象”的意思,作为名词即“创造出来的物体形象”。引申到艺术设计领域,可理解为“用一定的物质材料塑造可视性平面、立体和空间的形象,那么‘造型’又可解释为创造美的形态的过程”[①]。从包装设计角度而言,造型是包装设计的前提基础和不可逾越的重要环节。因为任何一种产品包装容器或其他的工业产品设计,首先体现为一定的物质形态,也即呈现为某种可视性的造型形式,而后才是细部的具体构造与其他因素。我们知道,包装容器造型除必须体现包装的容纳性、保护性、方便性等基本功能条件外,还应充分地体现出能反映消费者审美趣味的审美性能及商品自身的身价特色。再者,包装作为一种从属于一定产品的物质实体,必须通过特定的材料、形态、结构去实现,是以盛装、容纳、保护物品,方便流通与消费,促进销售,满足人们的物质与审美需求为目标的。结合以上几个概念的简单阐释,我们认为,所谓包装容器造型,是指各类物品通过包装容器所呈现的外观立体形态,而依据特定物品所需包装的实用功能和审美功能要求,采用一定的材料、结构和技术方法塑造包装容器的外观立体形态的活动过程,即为我们所称的包装容器造型设计。

① 潘祖平:《基础造型》,江西美术出版社,2009年,第2页。

虽然我国包装设计迅猛发展，但专门针对包装造型设计理论的研究并不是很多。目前这些研究的内容主要集中在以下几个方面：一是包装造型美学方面的研究，其多涉及包装容器造型的形式美法则等相关内容；二是包装容器造型设计方法方面的研究，对于方法的研究，以教材居多，一般以设计案例的方式作简要说明，尚未上升到对包装容器造型设计规律的归纳和总结，同时也未切实地针对包装容器成型过程中的一些工艺和材料的局限性予以说明，仅是对前人器物造型论中与此相关的一些方式、方法等方面内容的简单挪用；三是对诸如陶瓷容器、玻璃容器等几种不同容器材质的一些成型工艺方面的介绍。当然也不外乎有少数专门从事包装设计研究的专家，对容器造型设计中的某些规律进行了归纳与总结，但是他们的理论过于零散，并且仅限于某一独立领域，尚未形成系统理论。

从目前国内市场上的包装容器造型设计来看，确实与国外的包装容器在某些方面存在着差距，特别是在包装容器造型设计中的一些细节方面，如对材料肌理的运用，开启方式设计、容器舒适度等几个方面的考虑均尚欠周全，人本主义原则并未很好地贯彻其中。尽管我国现代包装容器设计也经历了数十年的发展，从最初仅注重实用，到后来开始转变到注重美观，再到现在逐步关注各个细节的设计转变过程中，我们固然取得了不菲的成绩，然而，令人遗憾的是，我们始终停留在对西方设计的简单模仿上，缺乏实质性的创新和创造。“人性化设计”也多流于一种口号，并未实质性落实。这一点，在我国目前诸多的包装容器设计中表现得尤为明显，包装容器多注重设计的美观性和视觉性，却较少考虑包装容器在使用过程中的“人”的因素。个中缘由，一方面我国在容器造型的设计及制作技术上相对落后；另一方面则更多的是设计观念转变过于滞后。

进入 21 世纪以后，我国正式加入世界贸易组织(WTO)，众多先进的包装生产技术和设备、包装设计成品、包装设计理念被大量地引入中国，因而，在很大程度上推动着我国各个行业与国际的交流和接轨，包括包装容器设计在内的设计行业，无论是在设计制作上，还是在设计理念上，均自觉地进行了转变。国外先进的容器生产、制作技术相继引进，推动了容器设计、制作等方面思路的转变。诸如“绿色包装”、“低碳包装”等一系列风行于西方各国的环保设计理念，也迅速流行于国内，并广泛受到设计业内人士的认可和重视。这些无疑都促使着国内包装设计界在设计观念上的革新。如 2010 年世界之星的包装设计中国赛区的评选在作品选择要求中就特别强调了包装开启方面的创新。这意味着包装设计的评价标准开始发生变化，包装设计不再继续强调单一对“物”层面的设计，而是提升到对人在使用包装的整个过程中的行为层面的设计。

就写作思路而言，本书的选题与研究内容的确定，经过了多次的修改，从最初的专题研究模式，到现在的系统研究方式，都是力争打破已有成果教材式的表层描述模式。本书主要围绕两个思路展开讨论：一是横向方面，即从物态角度分解一个包装容器造型的设计要素，从瓶盖设计、瓶颈设计、瓶身设计、底座设计、瓶身加强筋的设计等方面去对容器造型设计构成规律进行归纳和总结；二是纵向方面，则是以逆向思维进行推理，将设计好一个包装容器造型所应具备的能力、知识结构、技术储备等方面的理论进行分解，确定每个章节的内容，再通过个案的分析，归纳并提炼出包装容器造型设计上的一些共性与个性方面的规律。基于上述研究思路，本书将内容研究与探讨分解为九个主要部分：第二章，古代容器设计的发展及演变，这个章节的设置，主要目的是让读者了解中国古代器物造型的发展演变，同时掌握古代器物造型的设计规律；第三章，主要是从形态角度对包装容器的设计要素进行分解探讨，力图全面了解容器造型各个部分的形态特性；第四章对如何设计好一个包装容器造型，设计师所要具备的思维方式与方法进行总结；第五章主要是在归纳与提炼前人研究成果的基础上，挖掘包装容器的形式美法则以及容器造型设计的评价原则；第六章主要对包装容器造型成型的规律进行研究，并在这些规律之上探讨容器设计的方法，这个章节提出了一个观点，即“任何包装造型设计或是进行仿生设计，都是对基本几何体（如正方体、锥体、柱体、球体等）的体、面、楞、角等部位在形式美法则的指导下，通过切割、贴补等方式进行局部的变化与统一的结果”；第七章主要是对包装容器造型设计中，必备的技术手段（主要是计算机辅助设计）做了整合性的研究，通过对造型成型规律本质的研究，提出了“五维一体”的设计方法，论述了如何更加快捷、更加有针对性地通过计算机软件辅助设计完成包装容器的整体性设计；第八章主要是对包装容器造型设计中，材料的选择以及材料特性运用的介绍，特别对材料肌理在包装容器造型设计中的运用做了较为翔实的研究；第九章，主要是针对包装容器造型设计中最重要的组件的设计进行了多角度的研究；第十章，对包装的容器造型设计中的“舒适度”的各个层面以及评价方式进行了论述。

如前所述，我们介绍了本书的整体框架、主要内容以及构架思路，以下主要是针对如何设计好一个包装容器造型以及影响造型设计的因素作一个简单的阐述。

（一）功能性是包装容器造型设计的首要要求

任何一种物品被生产出来都应具备一定的功能，19 世纪功能主义倡导的“形式追随功能”和密斯·凡·德罗“少即是多”的思想，都在向我们诉说着功能的重要性。包装容器作为附属于内容物的物质实体，必须与所盛放的物品紧密联系。在进行包装容器造型设计之前，我们首先要考虑的是容器是否适合盛装、保存和保护内容物，是否方便消费者的使用。当包装容器的功能在造型中得以体现时，会令使用过程更为合理与舒适，因此，可以说良好的功能是构造完美包装容器造型的首要因素。

首先，保护功能。在包装容器的众多功能中，保护内容物是其最主要也是最基本的要求。产品从出厂到抵达消费者手中再到最后的使用需要经历漫长的流通过程，在这个过程中，既要防止产品出现物理损伤，又要保证其化学性质的稳定。各类产品形态纷繁，性质各有不同，对容器的要求自然也不一样。因此，保护功能的实现应建立在对产品属性的充分了解、材质的合理选择和容器造型的准确把握之上。如香水属于易挥发的液体，价值较高，所以其造型设计就应该以防止商品物理性损坏为首要任务，一般来说，在进行香水瓶容器设计时体量和口径不宜过大，要以降低挥发损耗和使用时控制流量为设计标准（图 1－1）；而啤酒是饱含二氧化碳的低酒精度酒，容易变质，因此在设计啤酒瓶时，要尤其注意防止其化学性质的变化，所以啤酒瓶大都在颜色上采用深色，这样可以保护啤酒少受光线的照射，以减缓酒质的变异（图 1－2）。对于一些保存期较长，对放置环境有要求的商品来说，还要防止其由内到外产生的破坏，如有些化学品的包装容器如果达不到要求发生渗漏，就有可能对环境产生污染和破坏。

图 1－1　香水瓶包装

图 1－2　啤酒瓶包装

其次，便利功能。设计是为人服务的，包装容器造型设计也应为人们带来便利与快捷。一个优秀的包装容器造型设计，小到一个盖子，大到整个形体，都能够完美地体现出包装容器的便利功能。这种便利功能包括贮藏、运输、购买、使用以及废弃物处理等众多环节和过程，它要求大小适当、形态适宜，开启使用快捷、方便，废弃物处理无障碍。因此，在设计包装容器造型时需要考虑包括商品性能、用途、使用对象及使用环境等因素。如饮料瓶的设计，为方便人们使用，一般瓶身较细且有曲线变化，方便拿握与携带，瓶口较小方便饮用(图 1－3)；而蜂蜜瓶的容器设计，考虑到蜂蜜的物理性和用汤匙取用时的方便，其容器外形不宜过长(图 1－4)。由此可见，所有设计中的创新思维及造型手法都要以商品本身的特性和体现良好、合理的使用功能为基础，否则，就会脱离实际需要，给生产者与消费者带来不便。

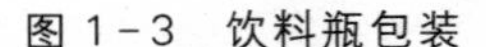
图 1－3　饮料瓶包装

图 1－4　蜂蜜瓶包装

再次，审美功能。包装造型的审美功能是指包装的造型形象通过感观传递给人的一种心理感受，它能影响人们的思想、陶冶人们的情操，同时也是商品促销和企业宣传的有效手段。我国几千年悠久的民族传统文化，已形成独有的东方文化风格，许多传统的包装一直以其优美的造型而深受世人的喜爱。如梅瓶——古代盛装酒水的包装，由于其造型结构特点是细口、短颈、宽肩、收腹、敛足、小底、整体比例修长，形体气势高峭，轮廓分明，刚健挺拔，因而一直延续至今[①]（图1-5）。在造型设计中，既要注重立体的外表形态，如形体比例、曲直方圆的变化；又要重视表层的装饰美化，如色彩、肌理的处理；还要把握造型与标贴等附件的搭配组合。当然，包装造型的美不是“唯美”，它服务于产品，必须建立在产品的功能性及实用性的基础上，才能达到优化设计的目的，取得最佳的设计效果。

图1-5 梅瓶

① 王家民，王芳媛，熊大庆：《包装造型设计的文化亲和力》，《包装工程》，2005年第6期，第128页。

（二）物质技术是包装容器造型设计得以实现的基础

包装容器造型中的物质技术是指材料技术和造型工艺两个方面，也是包装容器造型设计方案转化为物质产品的保证。《考工记》中提出：“天有时，地有气，材有美，工有巧，合此四者，然后可以为良。”包装容器作为产品，在满足功能的基本需求后，必须完成设计—生产—产品—商品的转换，而在这一过程中，材料的性质和技术的运用直接决定着包装容器的质量、成本和耐久性。

任何一款包装容器造型的设计、制作都必须通过一定的材料和工艺来实现，所以包装材料及其工艺性在很大程度上决定了包装容器的造型形态。也正是由于材料及工艺的发展创新使得包装功能可以不断完善，并可以在一定程度上造就容器造型丰富多彩的形态与风格。能被用作包装容器材料的物质很多，可分为包装原材料和包装辅助材料，它们的成分、结构、性质、来源和用置决定了包装容器的性能、质量和用途，并对包装容器的生产、成本和废弃处理等有重要的影响。材料的外部特征如色彩、肌理、质地等直接作用于人的感官，成为包装容器的外形因素[①]。一些特殊的加工工艺还可以模拟某些材料的外观，增加了容器造型表面装饰的丰富性。

随着新材料的开发，包装造型设计更加注重有益健康和无公害的性能要求，同时也更加追求包装材料的细腻、光滑、柔韧、富有特色和肌理等方面的特点。如最近几年出现的再生纸，有着纯朴的质感，如果能巧妙地加以运用，将会给包装造型带来意想不到的展示效果。当然，各种新材料的出现也推动了包装工艺的发展，这给包装容器的造型设计带来了新的生机。此外，新的工艺流程，高智能的生产设施，自动化、电脑一体化的应用为包装的成型提供了更为快捷的方式。从包装容器模具成型的制模工艺到现代新型高超的印刷、制版技术，为包装生产的各个环节提供了完美的保证。

作为包装设计人员，准确掌握材料是应该具备的基本素质之一。我们在包装容器造型设计过程中，应根据产品自身特色来决定选材，确保材料对内容物有良好的保护性能，并符合方便、安全、经济等基本要求，同时考虑材料的制造技术，恰当地利用和发挥各类材料的固有特色，如色彩、肌理、质地等。此外，选材还应符合人类的可持续发展的要求，增强环保意识，尽可能选择低碳、绿色、环保的包装材料。

除上述因素以外，计算机辅助设计软件的出现，促使着

① 周威:《玻璃包装容器造型设计》，印刷工业出版社，2009年，第9页。

设计手段和表达方式的多样化，同时也为包装造型设计提供了新的设计语言，丰富了包装造型设计的设计风格。计算机辅助设计的方式具有传统设计方式所不可比拟的高精度、高效率和丰富多彩的表现效果，设计师能够利用电脑的三维模型准确地把握设计（图1－6），可以方便与客户交流，进行可行性论证。因为计算机可以直观地模拟未来的容器造型成品，使设计与生产、艺术与技术达到完美的结合，使虚拟的设计变成现实。当然，值得我们注意的是，不能为追求电脑的特技效果，而忽略了造型设计的原创性及文化内涵，要把握好适度原则，以准确巧妙地运用新的设计手段和新的设计语言，使设计的包装既有文化内涵又有新的时代特性。

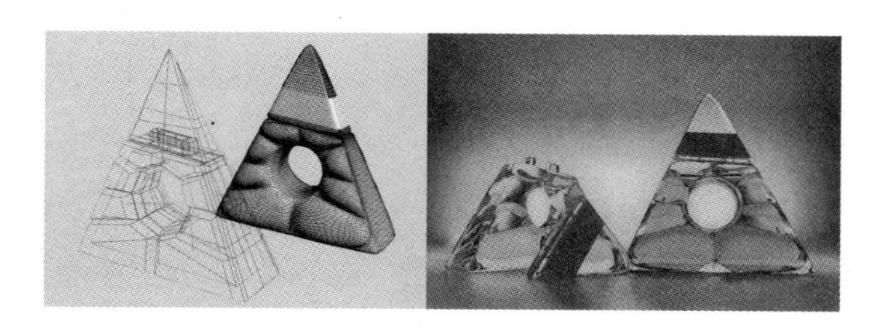

图1－6　计算机辅助设计模型

（三）形式美感是包装容器造型设计不可缺少的要素

包装容器造型设计，使用的是形象思维，注重对形的直观感受，是在满足材料技术和工程基础上的艺术创造。随着物质生活水平的提高，人们的消费心理和需求观念已经发生了深刻的变化，消费者在购买商品时，不再仅仅看重商品的使用价值和价格，而且希望在商品及其包装上得到一些美的享受，因此我们必须注重包装容器设计的形式美感。包装容器造型是包装的基础形态，图形文字的编排等细化工作都必须建立在容器造型的基础之上，所以容器造型设计的优劣是决定包装整体设计水平的关键所在。

社会经济快速发展，商品包装已经成为引导消费和推销商品形象不可缺少的武器，据杜邦公司营销人员的研究表明，63%的消费者是根据商品的包装和外观设计进行购买决策的[①]。在当今竞争激烈的国际市场上，精心设计与缺乏设计或设计过时的产品，在销售量与价格上的差距日趋增大，如能在包装容器造型上寻求突破，以领导潮流的创新设计投放市场，必将占据一定的市场份额。同时，为满足人们日益增加的精神需求，包装容器造型设计已不仅停留在物质功能和保护功能上，还必须体现一定的文化内涵和地域特征，这同样有利于增加商品的经济价值、社会价值和文化价值。

综上所述，包装容器造型设计，是一项综合性、交叉性十分强的造物活动。设计一个优秀的包装容器并非简单的艺术创作活动，它涉及设计艺术学、材料学、经济学、工艺学、美学、物理学、数学等方面的知识，还要注重科学与艺术、功能与形式、传统与现代以及人与自然之间的关系。

① 朱和平:《现代包装设计理论及应用研究》，人民出版社，2008年，第25页。

第二章 古代包装容器造型设计的发展与演变

对包装容器造型的研究，不能忽略我国古代遗留下来的容器，这些容器或造型独特，或形式优美，其中很多经典的容器造型都是经过千百年的筛选与验证，不但具有很好的功能性，而且反映了所在时期的时代风貌。因此，对古代包装容器造型的发展与演变源流作一个全面的了解，再从中提炼一些造型设计的规律，将为现代包装容器的造型设计提供有益的借鉴和启迪。为此，本章拟从古代包装容器概念的演变、古代包装容器的造型设计、古代包装容器造型设计的共性等三个方面进行详细的阐释。

一、古代包装容器概念的演变

人类从事包装活动的历史源远流长，但将包装作为一门学科进行研究却为时甚短，且仅停留在对现代包装设计理论的研究上，缺乏对古代包装全面而系统的研究。在我国古代，从事工艺美术活动甚早，且存在众多造型独特、结构巧妙、功能优良、具有一定包装功能属性的器物。然而由于缺乏相关的文字记载，加上古人对包装认识的局限，从而导致与人类生产、生活紧密相关的包装不仅发展十分缓慢，而且发展脉络极为模糊。此外，由于目前学术界对“包装”的概念，特别是对古代包装、传统包装等概念的界定存在争议，缺乏一个普遍认同的固定说法，因而导致长期以来学术界少有专门从包装学科的角度对古代包装的具体内涵和发展演变进行研究，而多是将古代包装涵括于古代器物这一模糊概念当中。究其缘由，大体有以下两个方面：

其一，因为在我国古代没有“包装”一说，所以缺乏对古代包装概念界定的直证材料，这是引起学术界对古代包装概念之争的一个关键因素。“包装”作为一个外来词，在我国直至 1983 年的国标中才有对“包装”的一个明确定义——包装是为在流通过程中保护产品，方便储运，促进销售，按一定技术方法而采用的容器、材料及辅助物等的总体名称；也指为了达到上述目的而在采用容器、材料和辅助物的过程中施加一定技术方法等的操作活动[①]。然而，翻检我国古代文献，其中并没有“包装”这一词，仅有“包”和“装”这两个字，或与这两个字含义相近的诸如“裹”、“囊”、“匏”等字，这些字词虽然具有包藏、包裹、收纳、包扎、盛装等含义，但是仍不足以体现现代学术范畴下“包装”的内涵。这就难免会造成我们对古代包装的偏薄认识。

其二，对“包装”的理解固定在现当代角度，而忽略了“包装”的历史性。事实上，包装物伴随着人类的出现而出现，但大部分学者多是将包装的定义局限在现当代，这显然是有片面性的。按马克思主义观点，任何事物都是发展变化着的，包装自然也概莫能外。随着人类社会中政治、经济、文化、思想等多方面的不断向前发展，包装的功能、形态以及概念范

① 国家标准(GB4122—83)，包装通用术语[S]，1983年。

畴都在不断地变化，所以我们要以历史的眼光，从动态发展的角度去认识和理解包装，不能以某一阶段的单一个标准去限定各个时期、各个阶段的包装。

我们通过考察各个时期具有包装属性的有关器物，并结合相关的文献史料，初步把形成现代包装概念之前的“包装”发展历程划分为三个阶段。具体为：第一阶段是“包装”的萌芽时期，即包装概念的双重性阶段；第二阶段是古代包装的发展时期，即包装概念的专门性阶段；第三阶段是包装的成熟时期，即包装专门性和从属性并存的阶段。以下我们拟从这三个方面对古代包装及其概念的演变脉络进行详细考述，以期为理解和界定古代包装提供理论上的参考。

1.“包装”意识的萌芽期——内涵上的“双重性”阶段

所谓“双重性”，一般所指为早期包装在用作生活日用器皿、器具的同时，兼具裹包、捆扎、储放、转移物品的功能属性。按照历史学的分期来看，在内涵上具备“双重性”的包装，主要是在史前社会这一漫长的历史时期中所出现的包装物。因为史前社会处于原始社会阶段，生产力极为落后，人类认知自然的能力也十分有限；人们仅靠双手或简单的工具进行采集、捕猎获取食物，对猎获和吃剩的动物及采集的野果，为了携带的方便，便拣拾诸如葫芦之类的植物果壳，或采用诸如荷叶之类较大植物的叶子，以极简单的形式进行盛装和包裹，或者采用柔软的植物枝条、藤、葛之类植物，进行极简单的捆扎。如果从功能的角度去分析和认识，这种行为仅仅停留在最基本的“包”和“装”两部分功能之上，即用来满足人类基本生活需要的“盛装”和“转运”的功能。毫无疑问，它并不具备包装作为一种独立造物活动的基本内涵，至多算是对自然物的简单利用，因此不能被称作真正意义上的包装，只能算是早期人类的一种包装意识的萌芽。

从原始社会后期开始到奴隶社会这个漫长过程中，人类文明发生了巨大的变化，生产力水平逐渐提高，人类所使用的工具不断改进，剩余产品也日益增多，单纯依靠简单地利用自然物的特性进行短期转运与储存的方式，已经无法满足人类日益发展的生产、生活的需求。于是，人类开始制作器物来进行中、长途的转运与长时间的储存，如竹器、陶器等。根据考古所发掘的骨针及大量印有绳纹、网纹等的陶器和关于陶器起源的比较一致的说法——陶器起初是将黏土涂抹在编制的器物上用火烧制而成，以及在浙江钱山漾新石器时代晚期遗址中出土的大量竹编制器[①]，我们可以初步断定：在陶器出现前，人类已经掌握了编制、缝制技术。因此，在陶器出现前，人们极有可能利用已有的缝制、编制技术创制出可存放、容纳、转移的容器。这一创造性的劳动可谓开启了人类步入有意识的制作包装的阶段。

尽管大量的陶器、编织器、竹木器在原始社会后期出现，但是这些器物当中仅有部分在当时被用来作包装使用。因为在史前社会受到各方因素，特别是器物种类以及数量的限制，那些具有可存放、容纳、转移的包装器物并未从生活日用器物中分离出来，仍是混同于生活日用器皿、器具中而未独立出来，其从属性依旧不明显。如新石器时代的陶瓶，有时候用于盛水[②]，有时候则又用来盛酒[③]，其通用功能十足，是此时期“双重性”包装容器的典型代表。

① 浙江省文物管理委员会，《吴兴钱山漾遗址第一、二次发掘报告》，《考古学报》，1960年第2期。

② 王大钧等，《半坡尖底瓶的用途及其力学性能的探讨》，《文博》，1989年第6期。

③ 包启安，《史前文化时期的酿酒(二)——谷芽酒的酿造及演进》，《酿酒科技》，2005年第7期。

处于“双重性”阶段内的包装与其他人类造物，在内涵和使用范围上基本相同，其从属性特征不明显，所以在原始社会和进入阶级社会相当长的一段时期内，包装被混合于生活用具中而未被明确地分离。从使用角度来看，“双重性”阶段的包装的属性体现，主要是由于人们在使用它的过程中强调了它裹包、捆扎、储放、转移物品的功能属性。所以，我们也可以认为，萌芽期的“包装”具有“普遍性”的特点，决定它的因素取决于它的容纳空间和使用方式。

2.“包装”概念的过渡期——“专门性”阶段

包装概念的“专门性”，是指在设计、制作、生产过程中即已赋予其捆扎、裹包、储存、转移物品的特定目的，且在使用过程中具有相对稳定性和持续性的特定造物，是一种人类有意识地区分一般器物的造物，不同于通用存储器。从人的思维意识变化来看，“包装”发展到这一时期，是早期先民对包装的利用从一种偶然的行为到有意识地自觉制作和使用的转变。这个阶段，我们称之为古代包装独立体系形成的“过渡时期”。

从人类告别简单利用各种不同特性的自然之物进行包装开始，在人们的造物活动中，便将人类的情感、思想一并注入其中，创造了一系列具有文明特征的竹木器、陶器、青铜器、漆器等。这些容器从包装起源的角度上来说，涵盖了原始包装的功能，但随着社会的发展，原始社会用于盛装、容纳的器物有些逐步演变为生活用具，而不再充当包装。尤其是当人类进入阶级社会以后，确切地说是奴隶社会，社会分工的进一步细化，手工业造物趋向明显的专一性，如随着酿酒业、食品加工业的发展，先民们便开始制作专门用来储存、转运酒、食品的包装容器，这些器物才逐渐脱离了一般性的生活日常用具的范畴，并且有了功能的限定与专业的名称，以及特定的造型和结构。譬如，用于贮酒的卣、罍、壶等青铜和陶制的容器。古文献中也相关的记述，现偶举一例，《尚书·洛诰》中载："予以秬鬯二卣，曰明禋，拜手稽首，休享。"孔传："周公摄政七年致太平，以黑黍酒二器明絜致敬，告文武以美享。"[①] 大意是说用卣来盛放特定的酒，足见其在用途上的专门性。

从这些拥有专门储存性功能特征的容器的产生来看，我国古代早期包装的发展已逐步过渡到包装概念的专门性阶段。古代包装专门性阶段的概念范畴，与原始社会早期相比，其内容范畴更加清晰，在一定程度上将以往被认为是包装的通用容器（生活器具）排除在包装领域之外。这种具有专门性、持续性且具备专一功能特性的包装从一般的生产工具、生活用具中分离出来，从而拥有了独立的主体范畴。

3."包装"概念转型期——从属性与专门性并存

从现代包装概念来看，包装的一个显著特征便是其从属性，所以，古代包装发展过程中从属性的出现即是包装迈入"转型期"的一个重要标志。所谓从属性包含两层关系：其一，包装是被包装物的附属物，两者可以分离，带有临时使用性，用毕即可抛弃（当然也可以再利用）；其二，包装也成为被包装物的一部分，两者可视为一体。而所谓从属性与专门性并存则是指包装在具有专门性的同时，尤其体现了其从属性的特点。

① 李学勤主编：《十三经注疏·尚书正义》（标点本），北京大学出版社，1999年，第416页。

与包装在内涵演变的前两个阶段所不同的是，包装从属性的出现是人类在生产、生活中的一种有意识的普遍行为，是人类社会、政治、经济、文化、思想等发展到一定阶段的必然产物。这也是对“转型期”阶段包装界定的一个重要依据。因为“从属性”阶段的包装无论在材料的选择、造型的确立，还是在结构的处理上，均以保护物品、便于流通为目的和宗旨，总体上来看，是讲究简易、经济和实用的（当然上层社会所使用的包装物，因基本上不受经济成本的限制，也未通过市场环节，所以与一般工艺品在表现形态上无异）。步入“从属性”阶段的包装实质上是产品的形态设计，是极大限度地提高产品的外观质量，用包装与同类产品展开竞争，充当着无声的广告和推销者的作用，很大程度上是争夺消费者，并指导消费者。这是人类社会发展到一定阶段之后，包装属性的必然产物。商品经济相对繁荣，交换行为日渐频繁，社会对包装需求大增，人们对包装功能的需求也已不再是简单地停留在方便运输、保护产品、便于使用等基本功能阶段，而是上升到了一种为增加产品附加值的多功能阶段。

根据目前可知的史料来看，包装的“转型期”肇始于春秋战国时期，并在随后的包装发展历程中贯穿始终。因为春秋战国以后，人类社会逐步完成从奴隶制向封建制社会的转变，商业更加繁荣，各大、中城市商品流通繁忙，所以致使保护商品（物品）、方便储运、促进销售的商品包装，迅速成为一项独立的造物活动而受到人们的普遍重视。《韩非子·外储说左上》所记述的“买椟还珠”这则故事中的“椟”作为包装，即反映了包装在内涵上已属于一个从属于商品的，是为伺机贵卖被包装物品而专门订制的。我们知道，在人类早期所出现的包装中，运用的技术是十分简单的包裹、捆扎，因而密封性、牢固性、保质性等均很差，包装的作用和效能的发挥十分有限。然而，随着人类步入封建社会，各种传统材料的改进以及新材料的出现，加之包装技术的不断提高，特别是焊接技术、密封技术的总结，以及保鲜、防腐技术的陆续运用，使包装的功能得到极大的发挥，其包装内涵不断拓展，包装在人们的生产、生活中的作用也越来越大。但是，在中国古代，由于社会经济以自给自足的小农经济为其主要形式，商品经济并不发达，因而包装的从属性虽然已凸显，然其向现代经济条件下的包装内涵的转变，仍经历了一个十分漫长的历史过程。总之，在这个历史过程中，人们对包装的认识逐步提高，因而包装在概念范畴上也不断完善，最终完成了向现代包装概念范畴的转变。

通观古代包装发展的历史过程，我们不难看出，古代包装经过过渡期以后，逐步进入转型期，其包装也日趋接近现代包装的概念。就时间跨度来看，包装的“转型期”从春秋战国时期开始形成，经东周、秦汉，直至明清时期，大约贯穿了整个封建社会。在这个历史过程中，人们对包装的认识逐步提高，因而包装在概念范畴上也不断完善，形成了自身独立的发展体系。

综上所述，随着社会的进步、经济的繁荣以及科学技术的发展，包装概念在内涵和外延上不断地变化，并逐步积淀而形成一定的阶段特征。这一切表明包装具有一定的时代性，不同的历史时期，特别是在不同的生产力水平、不同的生产方式下，包装的名称、形式和内容都是有差异的，人们对包装的认识和理解也不尽相同。因此，脱离时代背景、社会环境、生产生活方式、文化观念等去认识和理解包装都会是片面的。我们只有站在历史发展的长河中，从历史发展观的角度对古代包装及其概念作全面而系统的理解，才能把握和理清古代包装的发展脉络。正是基于这一点，我们试图以历史发展观的眼光理清古代包装及其概念的演变路程，并梳理和总结了古代包装发展的三个阶段性特征。最后需要强调和指出的是，由于古代包装内涵的复杂性，再加上年代久远的包装实物留存至今的较少，以及限于学识，我们对于古代包装的阶段性的划分尚只能停留在宏观的把握上，有关微观的深化尚待材料的发掘。

二、古代包装容器的造型设计

上文中，我们初步理清了古代包装概念衍变的三个阶段，并且从宏观上掌握了我国古代包装容器发展的脉络。从这些我们不难看出，我国古代包装发展史也可以说是一个古代包装材料的科技发展史，随着科技的发展，包装的材料也随之改变，而不同的材料与工艺，也诱发出众多不同形态特征的包装容器。因此，本节以材质的发展为主线，拟从天然材料包装、陶质包装、青铜包装、漆器包装、瓷质包装、纸包装等几个方面作一个微观阐述，以便我们了解古代各个时期包装容器在造型、结构等方面的特点。

1. 天然材料包装

在原始社会早期，由于人类生活条件的极其艰难，便以采集野果、集体捕猎为生。为了将从各处采集的食物、野果和捕获的猎物带回居住地，他们就地取材，或用植物叶子、兽皮包裹，或用藤条、植物纤维捆扎，有时候还用果壳、竹筒、葫芦、兽角、动物膀胱等现成材料进行盛装。此类包装在造型与结构上，基本上是通过选择天然材料本身的形质美感，利用自然界动植物的本体形态特征，满足包装最基本的实用与审美功能，在造型与结构上并没有进行复杂的人为创造，只是进行简单的加工。

例如，1957 年在我国潮州地区陈家村贝丘遗址中发现的牡蛎、蛤蜊、海螺、长蛎等 20 余种贝类化石，据考古学家推断，这些贝类是人类最原始的生活劳动工具，人类的祖先们借助其本身的造型形态，用来盛水或盛装食物等。我们根据其用途认为，那些用于盛装食物或水的大型贝壳为当时包装方式的一种，但在造型上，只是对原始形态的一种照搬。以同样原理被用作包装的还有果壳包装，在距今七千多年的浙江河姆渡原始社会遗址土层中，我国考古工作者曾经两次发掘出了葫芦籽，证明我国原始人类早在上万年以前就已经开始人工种植葫芦并可能大量运用在生产生活中。在我国古代文献中称葫芦为瓢，如《诗・小雅・瓠叶》篇中的“幡幡瓠叶，采之烹之”就是此意。另外，在原始社会还有一种运用较为频繁的包装形式即竹筒、竹筐等竹制品包装。从浙江钱山漾新石器时期遗址中出土的 200 余件竹编器和部分竹筐中盛装有丝织品的情况来看，竹筐应是当时一种运用普遍的包装形式。竹筐这一包装形式相对于竹筒而言，进行了更多的人为加工，在造型结构的设计上也更多地融入了人的主观意

识，呈现出多种简单形态的造型。

2. 陶质包装容器

陶器的发明和使用在设计艺术的发展史上具有划时代的意义，堪称设计艺术的“第一次飞跃”[①]，同时也标志着人类包装的发展进入了一个新的时代，即从利用天然材料进入了人工材料的时代。也正由于人工材料的出现，促使包装容器结构造型种类的不断增多，从而演化出了各种具有实用价值且更为合理的包装器物。陶器是在火中冶炼而成，它把柔软的粘泥，烧结成坚固的陶器，其相对于原始社会早期的包装器物来说，具有坚硬、牢固、不易漏水的特点。

原始陶器的种类已经涉及生活的方方面面，如有用于烹煮食物的鼎、鬲等；有用于食用的簋等；有用于盛装和贮存食物或水、酒的豆、壶、罐、瓮、缸等；也有用于盥洗的盆、钵等。据统计，这段时间内大约出现了30种品类[②]。进入奴隶社会后，人们经过长期的实践和探索，已灵活运用和控制烧制陶质包装容器的火候和室温等技术。随着社会对包装容器的需求迅速增加，生产技术日益提高，不仅出现了烧制陶质包装容器的专门作坊，而且在整个生产过程中，也有了较明确的内部分工，各种造型和不同用途的陶质包装容器大量出现。与此同时，釉陶的出现，也使陶质包装容器的品质得到极大的提高。但到春秋至西汉，漆器包装的大量出现和运用，以及东汉晚期瓷器的成功烧制，使得陶质包装逐渐退出历史舞台。

陶质包装容器作为一种包装意识的萌发，起着盛装、储存、保护及便于运输所盛物品的作用。按照其具有的包装功

① 朱和平：《论中国古代设计艺术的三次飞跃》，《装饰》，2006年第8期。

② 高丰：《中国器物艺术论》，山西教育出版社，2001年，第176页。

能进行分类，主要有盛装、储存粮食和种子的储器，保存火种的器具以及储水和储酒的器皿这三种类型。如陶罐、瓶、壶、罍、瓮等都具备这样的功用，属包装容器的范畴，但是也具有作为生活器具的双重用途（图 2－1）。这些不同类型的包装都有着各自的造型形态，并随着技术的发展与人类造物水平的提高，经历了一个从简单逐步过渡到复杂、从单一到多样

图 2－1　陶质包装容器种类

化发展的过程。从原始社会新石器时代中期以后，开始出现了带盖的容器，到新石器晚期，已很普及，不少容器都根据需要设计了各种形式的器盖。如有单盖复盖、合式盖和盘式盖等。各种器盖的结构造型非常巧妙并科学，既有便于手拿的纽，又有与容器口沿紧密吻合的衔口，有的还可以仰覆两用。

器盖的发明，大大增加了包装容器便于装运和储存的保护功能，使之更加适用、美观。如从陶质包装容器的结构造型设计的发展演变来说，其大体是从敞口圆底球形、半球形的单一结构形式，发展到具有口、肩、腹、鋬、足、盖、座等多种结构组合、多种空间化的结构造型形式(图 2-2)。如果从包装容器结构造型上来分析，陶质包装经从简单粗糙的敞口壶、瓶到富有曲线美的小口的带有流、鋬、盖、座的壶或瓶，体现着

图 2-2　陶质包装容器造型演变图

包装容器的设计已逐步走向根据所盛装的物品的特性来设计结构造型。如小口尖底瓮就是专门用来盛装酒的[①]，由于敞口易于酒香的挥发，且容易导致酒的变质，而改为运用小口和盖可以防止挥发，而尖底又方便插入土中，稳定摆放，带有流的小口和鋬的设计又便于倒酒。这样一个演变过程，促使着陶质包装容器结构造型的日渐丰富，同时，包装容器结构造型的实用性与合理性得到进一步的加强。陶质包装容器为后来青铜包装容器、漆器包装容器及瓷质包装容器等的造型设计提供了可借鉴的规范样式。

3. 青铜包装容器

青铜器的出现是陶器之后人类造物活动的又一个高峰，为设计艺术的“第二次飞跃”。作为一种铜和锡、铅合金而成的青铜材料，它与纯铜相比，熔点较低，硬度增高。铅、锡的掺和不但可以起到降低纯铜熔点的作用，还可使青铜铸件填充性好，气孔少，具备较好的铸造性能和机械性能，在使用上具有更广泛的适应性[②]，因而青铜材料可按需求铸造各种形制的包装容器。与陶质包装容器相比，青铜包装容器更加坚固，密封效果好，且贮存食物或酒的质量也要好，同时其结构设计也更加合理。在材质上，青铜可以设计出带有提梁的器皿，以方便搬运或拴绳，而陶质包装容器则不具备这样的特质，但也由于青铜器较笨重，不易搬运等因素，青铜包装容器发展至后来的战国秦汉，又很快被漆器包装所替代。尽管如此，我们也不能否认青铜包装容器在包装发展史上的地位。由于青铜器的创造，使得人们能够从自然物质中提炼金属物质而为己所用。这促使着后来铁器、金银器等金属器物的出

① 包启安:《史前文化时期的酿酒(二)——谷芽酒的酿造及演进》,《酿酒科技》,2005 年第 7 期。

② 高丰:《中国器物艺术论》,山西教育出版社,2001 年,第 210 页。

现。从包装容器的结构造型发展的角度来说，青铜器的出现扩大了人们制作包装物的材料范围，同时也促进了各种包装容器结构造型的出现，使得各种类的包装得到更进一步的发展。这在制作包装物的技术方面体现得尤为明显，如鎏金、镶嵌、错金银等技术就时常出现在后来的漆器包装或其他类别的包装物上。

青铜容器并不能全部被称之为青铜包装容器，但是其中有不少青铜容器具有包装的功能用途，如具有盛放粮食或食物功用的盨、敦等，具有贮酒功用的壶、卣、瓿、罍、尊缶、方彝等(图2-3)。从部分青铜容器的结构造型来看，商和西周时

图2-3　青铜包装种类

期的青铜容器是具有一定的实用意义的，并体现了包装的部分功能，但由于其主要作用是礼器，所以这一时期的青铜包装容器可称之为象征意义上的包装容器(图2-4)。而到春秋战国，以及后来的秦汉，青铜器已从尚礼的阶段逐步走向了生活化，完全体现出了它的实用性，因此这一时期的青铜

包装容器应是现实生活意义上的包装容器(图 2－5)。

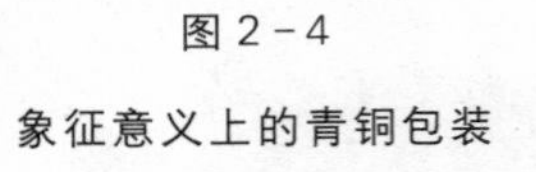

图 2－4

象征意义上的青铜包装

图 2－5

现实生活意义上的青铜包装

青铜容器结构造型在发展演变的过程中,种类无数,样式繁多,每一种器类可分为十几种或二十几种器名。且每一种器物由于王朝的更替、典礼制度的变化、习俗的相互影响,乃至生产技术的进步,又会演变成很多种结构造型形式。如商代壶有瓠形壶、长颈圆体提梁壶、细长颈圆腹壶、扁壶等;西周有扁壶、圆壶、长颈椭方壶等;春秋战国时期多圆体长颈壶和方壶,春秋早期与西周晚期的变化不大,春秋中、晚期壶的形式较多,主要亦为圆壶和扁壶两大类;战国早、中期的壶也富于变化,晚期趋向简朴,有圆壶、扁壶、方壶、瓠壶等。从商代西周时期壶的造型设计演变到春秋战国时期的结构造型式样的过程中,我们不难看出,商代早期的壶,笨重且腹的最大直径在壶体下部,结构造型的视觉感不强,至商晚期、西周,壶体变得修长,还开始流行圈式盖,其盖取下还可作为杯用，这是从更符合实用的角度考虑的(图 2-6)。从包装的角度来说，这也是包装功能的进一步体现。如现藏于陕西历史博物馆、出土于陕西扶风县的西周中期“几父”壶两件。又如商代的卣多扁圆体，也有少量的圆体卣、筒形卣和方卣，还有象生形卣；至西周便多圆形的卣，还开始流行一种两侧较为平坦的椭圆体卣，此外还有少量圆卣和圆筒形卣。在壶和卣的发展演变中，其容器的结构造型设计是逐步走向合理的，壶的直径变化，卣的结构造型从商代少圆卣到西周时期以圆卣为主的造型设计中，都体现着青铜包装容器结构造型的合理化趋势。

图 2-6

青铜壶式包装容器演变图

每种基本器形，不但有多种样式，同时还可以繁衍出各种其他的造型种类。如商代的青铜食器簋到西周就演变为盛放食物的盨，而盨又衍生出了后来的簠；又如在商代具有盛酒功用的卣的结构造型至西周晚期又演变为尊缶，并被其替代。当然，尊缶的祖形仍为陶缶，但青铜尊缶也在一定程度上受到了青铜卣容器结构造型的影响。我们从器物造型发展的规律来说，每种器形的发展，一般都是从简单到复杂，在铸造技术上由不合理到合理，这是一个不断创造的过程。从包装造型角度来看，同样如此，包装容器从商代早期的笨重、粗犷到后来的轻巧、精美，都在演绎着这样一个规律。

4. 漆器包装容器

漆器是指用漆在木头、织物、金属、竹篾、皮革等材料做成的胎骨上进行涂饰，并绘制图案花纹的一类器物。1971年在河南偃师二里头墓葬中，发现的红木漆匣，大致可以认为是最早的漆器包装。春秋战国时期，铁制工具的大量出现[①]，使得漆器包装制作更加便捷；漆器包装的轻便性，使它逐渐取代青铜包装的地位，而成为古代包装发展史上的一大特色。

① 王巍：《东亚地区古代铁器及冶铁技术的传播与交流》，中国社会科学出版社，1999年，第35～36页。

我国漆器工艺丰富多彩。战国之前的漆工艺处于萌芽状态，但已经奠定了漆器的基本技艺特色，同时也为秦汉时期漆器包装的发展奠定了基础。至秦汉时期，漆器制作已达到了高峰，这也使得漆器包装在这一时期大放光彩，如出土于长沙马王堆的彩绘耳杯套盒、彩绘双层九子奁等。漆器包装随着东汉后期瓷器的出现，至魏晋以后便逐渐被瓷器包装部分代替，但仍在生活中继续使用，至明清而不废。

漆器在发展过程中，出现了各种制胎工艺，有木胎制作

工艺、夹纻胎制作工艺和其他材质的制作工艺。胎体多样的制作技术，使得漆器包装在具体的制作时，利于从实际需求出发进行相应的选择，且选择空间大。与青铜包装、陶质包装等相比，体轻，易加工成型，具有较优的可塑性，并且适用性能强，使用范围广泛，小至黛板大至棺椁都可使用。另外，由于漆器包装主要的木质胎骨具有普通性和再生性，较之青铜器等其他器物，取材方便，制作成本较低，易于普及。同时，漆具有高度的黏结性，利于器物的粘连加固，涂刷于物体表层的漆膜干燥、耐水、耐热、耐磨、耐冲击力、耐弱酸碱，能抵御盐和油剂的侵蚀，延长器物的使用寿命，且安全性能比较好，尤其是在生活实用方面，如壶、奁等漆器包装。同时又因漆器适合各种工艺加工，如鎏金、镶嵌等工艺手段，因而漆器包装也能满足上层社会或贵族奢侈的生活需求。

漆器被用作包装，其种类繁多，从食具盒、酒具盒到饮器的耳杯盒，从梳妆用具的奁和黛板盒到文化用具的棋奁、砚盒，从兵器的箭菔到家具的盛衣箱等无所不包。总体而言，经历了一个从自然形到艺术形，从简单的几何形逐渐演化成具有一定难度的曲线形、多重组合形和意向形的衍变过程，表现出漆艺工匠对各种抽象形式因素对比关系的把握[①]。漆器包装容器造型讲究灵巧、实用，如饮食用具的盒，就有圆盒、扁圆盒、方盒、长方盒、曲形盒、鸳鸯盒等不同造型。这类漆器包装在器物造型上，无论它是圆形、长方形、多角形还是无角形，对其使用功能并无影响，但却更讲究实用与美观的结合[②]。如包山2号墓出土的酒具盒，虽属实用器物，却十分讲究艺术趣味。整器作长方形而圆其四角，盒里分别放盘、

① 张承志:《战国漆器造型随谈》,《东南文化》,1996年第1期。

② 张飞龙:《中国古代漆器造型艺术的衍变研究》,《中国生漆》,2008年第2期。

壶、耳杯等，盖与盒身以子母口相扣合，两端短柄上的凹槽可缠缚以便外出携带之用，设计巧妙，朴素大方，美观实用，使观赏者产生出种种美丽的憧憬或想象，而获得愉悦感(图2－7)。

图 2－7　荆门包山 2 号楚墓酒具箱

漆器包装的造型设计各具特色，且包装的结构设计也多种多样，尤其是包装物内部结构的设计形式，有组合化、系列化包装和集合包装两类。在马王堆汉墓出土的日用漆器中，盛放化妆品、香料等物品的双层九子奁，采用了双层结构和多个子盒的组合设计，奁上层放手套、丝巾等物，下层则放置9 件呈椭圆形、圆形、长方形、马蹄形的小盒，并十分巧妙地适合于底层圆形的大盒之中，完美地处理了子母盒之间的组合关系，实现了功能的合理性与形式的独创性，是典型的组合化、系列化包装设计(图 2－8)。集合包装如湖北曾侯乙墓出土的两件漆器食具盒外形、尺寸均一致，唯器内设计及装置有所不同。一件装铜罐、铜鼎和盒，盒置于鼎腹下三腿之间，鼎足又落于食具箱内底部挖凿的眼内，一件套一件，装置严密，放置合理；另一件内装笼格式果盒，像现在的蒸笼一

图 2-8　长沙马王堆 1 号汉墓双层九子奁

样，共有三层，每层之间用子母榫搭口，最上一层横隔成三格，当中一层横隔成两格，最下一层竖隔成两格。[①]这种横竖不同的隔法，使每一格的大小也不一致，可按需求放置物品，功能性强。又如长沙马王堆出土的彩绘耳杯套盒，盖身以子母口扣合严密，盒内套装 7 只耳杯，叠放稳妥，制作精确，既考虑了使用的方便，又缩小了放置的空间，作为食具，又具有卫生清洁的优点（图 2-9）。总而言之，漆器包装在设计思想内涵方面，体现出整体的理念，组合化、系列化的理念，"备物致用"、"以器载道"的理念及人性化设计的理念等几个方面的特点[②]，为古代包装发展史谱写了充满智慧和灵性之光的一章。

① 湖北省博物馆：《曾侯乙墓》，文物出版社，1989 年，第 360～362 页。

② 黄亚南：《马王堆汉墓漆器设计研究》，湖南大学硕士学位论文，2005 年，第 78 页。

图 2-9　长沙马王堆出土的彩绘耳杯套盒

5. 瓷质包装

瓷器是由陶器发展演化而来的。人类在原始社会便能制陶，并且在商代业已出现了原始瓷器，但严格意义上的瓷器到东汉晚期才出现。瓷器的出现，使得瓷器包装开始盛行，至魏晋以后成为日常生活中的主要包装容器，便完全取代了陶质包装容器的历史地位，并逐渐部分代替了漆器包装。与陶质包装容器相比，它具有胎质致密、经久耐用、便于清洗、安全性高、外形美观等特点；与漆器包装相比，耐用，寿命长，便于清洗，且造价低又实用，更适合普通大众使用。

从汉代创烧瓷器以来，历经魏晋南北朝，到商品经济进一步发展的唐宋时期，瓷器包装得到了长足的发展。尤其宋代的瓷质包装是当时最具代表性的包装形式之一，它广泛用于盛装食品、药品、茶叶和化妆品等。其不仅产量大，品种多，而且结构造型讲究。大件瓷质包装稳重而典雅，线条简洁流畅；小件瓷质包装造型博采众长，无论仿生造型还是几何造型，都以追求和满足世俗的审美为目标。如青花五彩莲龙纹镂空盖盒，该盒在用彩方面以红、淡绿、黄、褐、紫及釉下青般的蓝色为主，尤其突出红色，使全面色釉显得浓艳而富有华丽之感。进入清代以后，瓷质包装容器又有了新的发展，无论是在品种、数量还是在制作工艺等方面都达到了精益求精、至善至美的水平。

瓷器包装按器形分主要有罐、瓶、盒等(图 2－10)，但每一大类又有若干品种。其容器的结构造型也各具特色，如罐的造型特点是口径大，腹丰且深，颈部内收，大底足。东汉至隋唐的罐腹多装置系，以方便提拿。宋代以后造型越发丰

斗彩团花盖罐　　青釉刻花瓷盒　　白釉剔花梅瓶

图 2-10　瓷质包装容器种类

富，如景德镇的瓜棱罐、定窑的直口罐、耀州窑的盖罐等。至明清时期景德镇又烧制有带系罐、壮罐、轴头罐等多种样式。盖式罐是瓷质罐式包装中，具有代表性的一种，其实这种包装形式在新石器时代已有出现，如甘肃武威娘娘台出土的齐家文化盖罐，盖的形式似倒置敞口碗。在瓷质盖罐包装设计中，最具特色的还是 1955 年出土于广东番禺五代汉墓的一件，其肩部有两对对称的板式带孔钮座，平顶盖两侧对称位置伸出长方形带孔横栓，盖合口时横栓插入钮座，与钮座的轴孔相合，可以在两孔中插销固定，或只固定一侧的轴孔，器盖能自由开合而不脱落。这在古代包装的开启方式设计中，具有别具一格的特色。瓶，多用于汲水和盛贮液体，后代也有插花的。结构造型多作小口长身，根据口、颈、腹部的不同，分别称作各种名称，如宋元有玉壶春瓶、梅瓶、扁瓶、胆式瓶、直颈瓶、瓜棱瓶、多管瓶等。明清时更增加有赏瓶、壁瓶、转心瓶等多种新样式。在瓶式包装设计中，以玉壶春瓶和梅瓶最为有名。玉壶春瓶的基本形制为撇口、细颈、垂腹、圈足。它是一种以变化柔和的弧线为轮廓线的瓶类，其造型上的独特之处是：颈较细，颈部中央微微收束，颈部向下逐渐加宽过渡为杏圆状下垂腹，曲线变化圆缓；圈足相对较大，或内敛或外撇，兼具包装实用和审美的特点。而梅瓶则以小口、短颈、丰肩、瘦底、圈足的样式著称；因瓶体修长，宋时称为"颈瓶"，作为盛酒用器，造型挺秀、俏丽、优美。

盒式瓷质包装，是一种由盖、底组合成或如抽屉的盛器。按使用功能可分为盛装化妆品的油盒、粉盒、胭脂盒；存放铜镜的镜盒；装药的药盒，装茶末的茶盒，装放食品的果盒和文房用品笔盒、印泥盒等(图 2-11)。油盒一般为扁圆柱形，盖

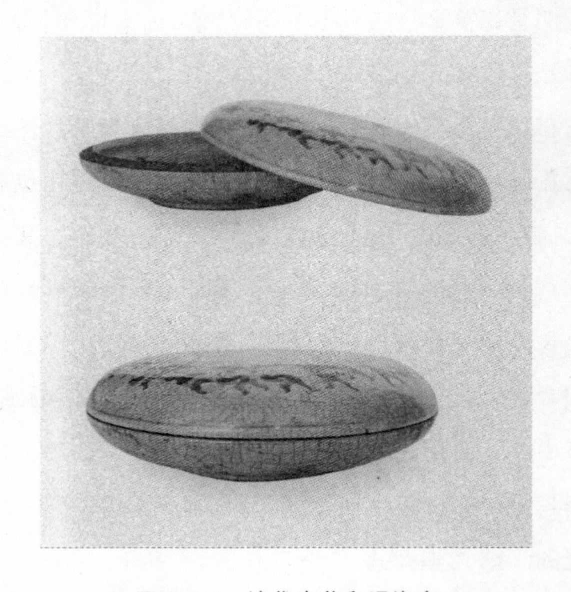

图 2-11　清代青花印泥瓷盒

与盒以子母口扣合。因江苏扬州唐城遗址出土的唐长沙窑制品盖面有褐彩书"油合"铭文而知其用途[①]。化妆盒一般形体小巧，造型从宋代起尤为丰富，有扁圆盒中套装三个小盒的子母盒，有三盒联体并堆花装饰的，还有瓜棱形、石榴形、

① 冯先铭：《中国古陶瓷图典》，文物出版社，1998 年，第 171 页。

朵花形、菊瓣形等。宋代景德镇窑有烧造盒子的专业作坊，如青白釉盒底部多印有“某家合子记”的作坊标记。明清时代盛行瓷质果盒包装，造型有圆形、方形、倭角方形等，有的盒内分格，还有层层相叠的套盒。从上述我们不难看出，瓷器包装的出现和发展，体现出我国古代包装的发展已完成了从具有生活用具功用的双重属性到专门化的转变，并一直在人们生活中起着至关重要的作用。

6. 纸质包装

造纸为中国古代四大发明之一，早在东汉时期，就已能成批量地制作。但纸的起源，可能在蔡伦改进造纸术前的西汉就已经开始了，那时就已经用麻布制成了“絮纸”。虽然“絮纸”粗糙、松软，不适于书画，但却是包裹日常用品的好材料。而后，东汉蔡伦在改进前人造纸技术的基础上，创造了用树皮、麻头和渔网等原料造纸的方法。这种方法操作工艺简单、所需原料丰富、成本低，很快在全国得以普及。而纸包装也随之得到了发展，逐渐替代以往昂贵的绢、锦等包装材料，用于食品、药品等的包装，如新疆阿斯塔那唐墓就出土有一小方白麻纸包裹的中医丸药“葳蕤丸”，包装纸上还写有“每空腹服十五丸，食后眠”的字样[①]。《大唐新语》中也记载：“益州每岁进柑子皆以纸裹之”[②]。

纸包装发展的全面繁荣期出现在我国宋代。当时，市镇大量出现，商品经济空前繁荣，纸包装的需求量大增。同时，造纸技术进一步发展，纸张的产量和质量都得到大幅度提高。因此，大大小小的市镇街巷上，随处可见用纸包装的食品、药品、纺织品、化妆品、染料、火药、盐等。最为典型的实

① 赵扬:《上古至明代的包装历史》,《收藏家》,2001 年第 1 期。

② 刘肃撰，许德楠、李鼎霞点校:《大唐新语》，中华书局，1984 年，第 191 页。

物当推现藏于中国历史博物馆的北宋“济南刘家功夫针铺”包装纸印刷铜版，其上运用“白兔”作为标志，上方横写着“认门前白兔为记”，下半部有广告语“收买上等钢条，造功夫细针，不误宅院使用，客栈为贩，别有加饶”等字样[①]。这件包装可谓集字号、商标、广告语于一身，其附加的宣传、促销等方面功能已不言而喻，基本具备了与现代包装相同的设计观念。另外，人们在造纸时不断改进，比如加上染料，制成象征吉祥喜庆的红色包装纸；加上蜡制成有防油、防潮功能的包装纸等。

① 高中羽:《浅谈包装设计的发展》,《装饰》,1983年第1期。

综上所述，从造纸术开始出现后，纸包装一直在人们的生活中发挥着不可或缺的重要作用。同时，随着印刷术的发明，包装真正被作为一种商品的附属品被使用到商品交换领域，并将包装的概念完全从器物中脱离。与陶质、铜质和瓷质包装容器相比，纸包装在制作工艺、轻便性、成本及广告印刷等方面都具有绝对优势，因此可称为包装发展史上的第三次飞跃。

三、古代包装容器造型的设计共性

在上文中，我们阐述了各种不同材质的包装容器在结构和造型设计表现上的不同风貌，同时也就各材质的包装容器在结构造型设计上的简单演变及使用上的优劣点进行了简单的区分。但就包装发展这个宏观角度而言，古代包装容器的结构造型设计仍体现出了诸多的设计共性，给我们提供了诸多启示。

第一，注重满足包装的基本功能要素。包装容器的造型设计，是适应实用的需求而产生的。从原始社会时期葫芦包装的使用，到后来陶质包装的出现，再到后来的青铜包装和漆器包装的发展，乃至瓷质包装和纸包装的盛行，都是为适合人类的生产生活而出现的，都是包装功用的进一步体现。其包装容器从利用自然物直接盛装和贮存食物或水，到改变自然物制造包装容器来代替，都体现了包装功能的逐步强化。与此同时，包装容器造型的结构部件的设计，也无不是为了增强包装容器的功用价值，例如，耳、提梁、盖等的设计。所以，古代包装容器的结构造型设计，是和包装功用和谐统一的。

第二，容器的结构造型和装饰的和谐统一。纵观古代包装容器的发展历程，不难看出装饰也是包装容器设计不可或缺的一部分。例如，纹饰的构图一般是随着造型不同而采取不同的方式，且一般都装置在人们视觉集中点的容器的腹上部。另外，包装容器上的立体装饰，最初是作为容器的部件而出现，但随着时间的推移和人们审美水平的提高，便逐渐加强在各结构部件上的修饰，如盖钮、把手、提梁、耳等的设计，都从最初的纯实用部件逐步转变到了具有装饰意味的立体装饰。所以，无论是平面装饰，还是立体装饰，都不是附加，而是和包装容器实用有机地统一的。

第三，包装容器造型设计中形式感的应用。所谓“形式感”就是人们对于形式的感觉，它包括从自然现象复杂的变化中能感到并抽出本质形式的能力，反过来说也就是包括在抽象的形式中所概括的丰富生活的感觉。从我国古代各类包装容器的造型设计来看，不但有圆形、方形、仿动物形等造型形式，而且在这些形式中还不自觉地运用了对称、比例、节奏、韵律等形式美法则，这些都无不体现出了形式感在古代包装容器造型设计中的应用。形式感的应用，丰富了造型设计的语言，同时也提高了人们对形式美的感受和认识，从而促使着包装设计的进一步发展。

第四，技术对包装容器设计的影响。陶器的制作，由手工到轮制，可以达到胎薄、规整，进而使得陶质包装容器的结构造型更适合人类的使用。青铜器的制作从模范法进为失蜡法，从而使青铜包装更为实用且美观。还有各种工艺技术的进步同样对包装容器造型的设计发展起着作用，如漆器中各种制胎技术及瓷器施釉技术的发明，扩大了漆器包装和瓷器包装的使用范围，并为向包装专门化的转变提供了强有力的条件。当然，技术的进步是提高包装容器结构设计水平的条件，但并不是唯一的因素。在包装容器的造型设计中，创作的源泉来自人们的社会生活，是以本国人民和本民族发展的需要与传统为先决条件的[①]。但如果充分运用技术条件的特点，是能够更好地体现包装容器造型的功能效果的。

① 田自秉：《中国工艺美术史》，东方出版中心，2004 年，第 34 页。

第五，包装容器造型语言的历史延续。我们知道，造型是人造物与功能相关的结构形式，无论什么时代，无论有怎么样的审美趣味，在功能不变的前提下，与功能相应的造型或形制往往变化不多。古代包装容器的造型设计也是如此，它们因有效的包装功能和简洁的造型而世代留传，从而形成了造型语言上的一个历史延续。如陶质包装中的壶、罐等造型式样在后来青铜包装、瓷质包装中继续沿用，而漆器包装中的酒具包装、盒式包装等造型形式在后来的瓷质包装和其

他材质的包装形式中也仍极具魅力。当然,也有不少与时代生活不相应的包装容器被淘汰或转为欣赏品。如原始社会时的小口尖底瓶已不再实用,则被历史给淘汰,而后来的梅瓶则变为了陈设品。总而言之,包装容器造型是历史的积淀。当然,历史的积淀并不是历史的重复,而是历史的演进和发展,只是在代代相传之后,我们可能看不到历史的表层显现,但造型语言美的规律却是根深蒂固地客观存在。

第三章 包装容器造型的形态要素及语意传达

包装在生产生活中能给人们带来诸多的美感，而这种审美感受多是来源于包装的造型形态。现代包装造型设计要考虑的因素有很多，不仅要满足基本的使用功能，还要考虑包装与内装物性质、材料、工艺、成本之间的关系，但是这些最终的设想都是通过外在的形态表现出来的。因此，设计者在掌握了包装形态的形成组织、变化规律后，还要运用形态构成原理，更理性、更科学地进行包装容器形态的设计。

一、形态的概念

从设计艺术的角度来看，形态离不开一定的物质形式，因为形态作为传递"物体"信息的第一要素，它能使"物体"的组织、结构、内涵等本质因素上升为外在的表象因素，并通过视觉使人们产生一种生理和心理反应。[1]那么，到底何谓形态？"形态"在《辞源》里解释为"形状、形态"。在我国古代的一些文献中，也有关于"形态"概念的记载，张彦远《历代名画记》卷九："尤善鹰鹘鸡雉，尽其形态。"《楚辞·大招》："滂心绰态。"从以上文献记载中我们可以看出，形态实质上包含了"形"与"态"两层意思的内容。所谓"形"通常是指一个物体

① 张钦楠：《建筑设计方法学》，陕西科学技术出版社，1995年，第130页。

的外形或形状，而“态”则指的是物体所蕴含的“神态”或“精神态势”。将这两个层次的内容合在一起，就是形态，也即物体的“外形”与“神态”的结合。

世间万物都是凭借一定的形式而存在，形是一种语义，也是一种符号，是一切事物赖以存在的载体[①]，包装容器作为一种人造物同样如此。包装容器是以造型为基础来传递其形态美，而容器的造型设计又是将具有包装功能和外观美的包装容器造型，通过视觉信息再加工来表达设计情感的一种创造性活动。

① 张艳，杨君顺:《形态语言符号在产品造型设计中的应用》,《美与时代》(上半月),2009年第7期。

二、包装容器造型形态的构成要素

我们知道，任何一个容器的形态无论简单或复杂，都是由最基本的造型要素点、线、面、体构成的，所不同的是组合的原则和方式不同而已，包装容器的造型设计也同样如此。点、线、面、体的构成，可以使容器造型产生节奏、运动、整齐等视觉效果，也可以产生重复、近似、渐变等变化，给人以不同的视觉感受。由于设计者的个性和心理状态以及文化素养的差异，致使在包装容器造型设计的具体实践中，点、线、面、体、肌理等造型构成要素会呈现出千姿百态的变化形式。我们要创造新的包装容器造型的形态和形象，就必须掌握造型的基本要素，并研究其构成形式。在利用点、线、面、体进行再创造、构成之前，需要对其基本性质有明确的认识，只有在理解和熟悉其特性的基础上，才能在包装容器造型的实际设计中进行灵活运用。以下我们从包装容器的形态要素和造型要素两个方面来进行阐述。

1. 点

几何学上的点，只有位置而无大小的概念；从物理形态上看，是视觉聚焦的核心；从观念形态来讲，是思想呈现之源。古希腊数学家和物理学家阿基米德曾说："给我一个支点，我就能撬动地球。"而在容器造型设计中，点是以抽象形态的意义来建立其概念的，因而它有大小、形状、位置、色彩的区别，有独立的造型美和组合的构成美。如点的连续形成虚线，而垂直水平的排列则形成虚面效果。在容器造型的设计中，常用小点连成虚线，以此来平衡或变化造型的构成。可以以点为基本形，运用构成的形式法则组合构成各种不同的造型效果。

点本质上是最简洁的形。一个形体可以是一个点，这是相对其周围形体与空间的比例而言的。同时，点是相对较小的元素，又是最基本和最重要的元素。点最重要的功能就是表明位置和进行聚集，一个点在平面上，与其他元素相比，是最容易吸引人的视线的。当面上只有一个点时，它就成为焦点，具有集中视线，形成视觉中心的效果；面上均势排列两个点时，视线则会在这两个点之间来回地移动，并形成一条消极的线，若两个点的大小不同，则视线将从大点向小点移动，从而产生强烈的运动感；面上均势地并列三个点时，则视线会在三个点间移动，最后停留在中间点上，形成视觉停歇点，若三个点不在一条线上，则会隐隐感觉各点间好像有连线，形成一个三角形；而面上的多点排列将产生线或面的感觉（图 3－1）。就这种"最小的"形而言，表现的多样性和复杂性——仅靠大小比例上最细微的变化来达到——甚至给外

图 3-1　点的体现

行人也提供一种令人信服的表现力的例证和抽象形式的表现深度。[①]点在包装造型设计时的排列大概可以分为以下几种：

单调排列：其感知效果为秩序、规整，并能显示出严谨、庄重的气氛，但有时也显得单调而无生机(图 3-2)。

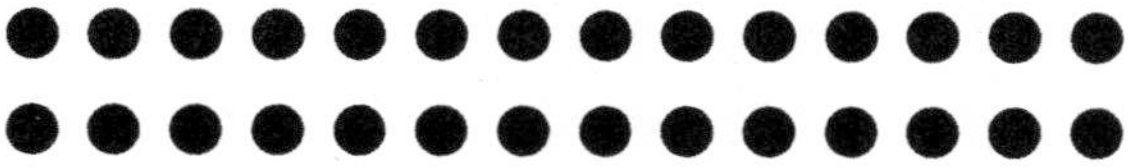

图 3-2　点的单调排列

间隔变异排列：在感知效果上可以稍减其沉静单调之感，并仍保持秩序与规整(图 3-3)。

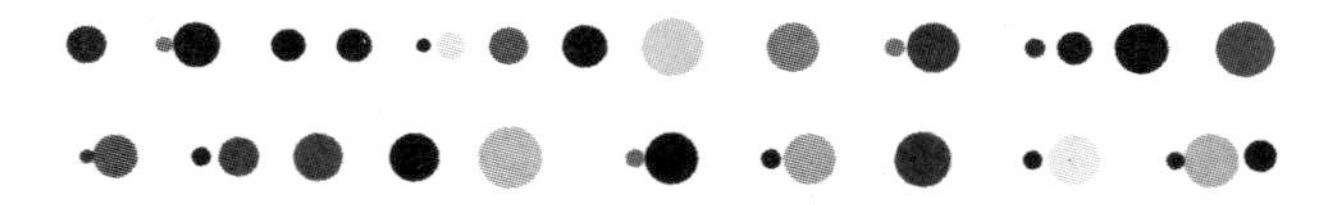

图 3-3　点的间隔变异排列

① 康定斯基著，罗世平译：《点・线・面：抽象艺术的基础》，上海人民美术出版社，1988 年，第 16 页。

大小变异排列：视觉造型不仅保持了一定的秩序感，而且更显活泼可爱（图 3－4）。

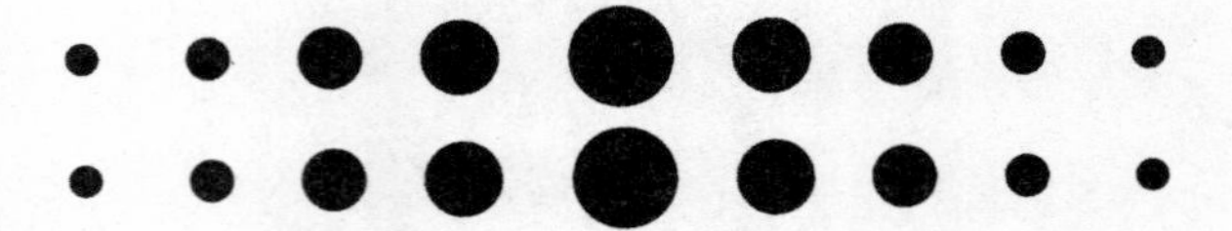

图 3－4　点的大小变异排列

紧散调节排列：视觉造型新颖有趣，并能按功能要求作出归纳布局，既美观、活泼，又突出重点，富有规律（图 3－5）。

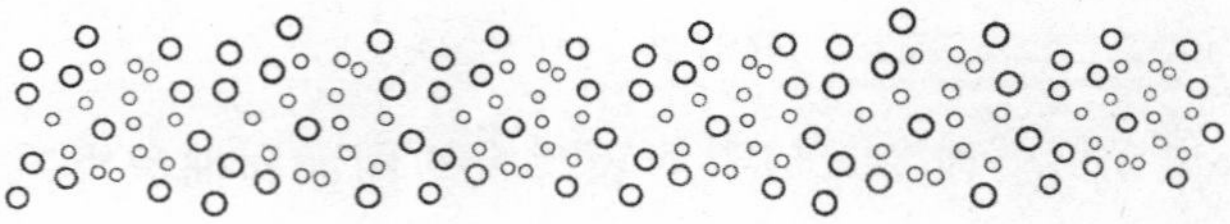

图 3－5　点的紧散调节排列

图案排列：有意识地将点排列成图案纹样或象征性图形，造型更显得别致有趣，给人以独具匠心的美感（图 3－6）。

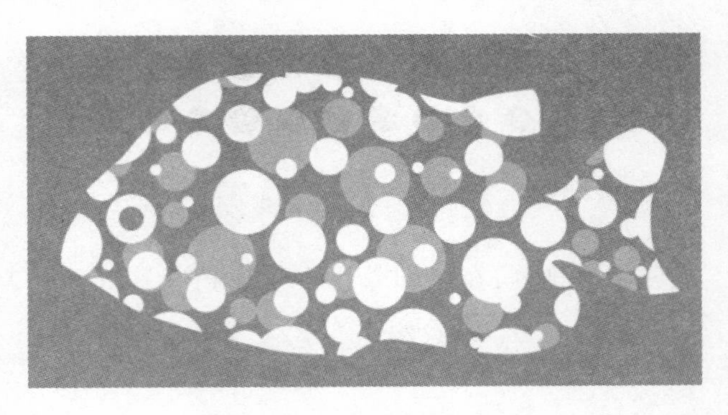

图 3－6　点的图案排列

2. 线

在几何学定义中，线是点移动的轨迹，包装容器造型设计概念中的线是指形或体的边缘，宽度和长度之比悬殊的形状也可称之为线。线是包装容器造型骨架的构成要素，线在横向与纵向方面的变化直接关系到包装容器面与体的大小、转折、纵深等空间关系。可以说，线在造型艺术中具有非常普遍的意义，是艺术作品中最基本的形式要素之一，因而合理地使用线条是把握容器造型和装饰构图形状的关键。按形状的不同，线一般可以分为直线和曲线，而曲线又可分为几何曲线和自由曲线。不同的线可以给予受众不同的心理感受，水平线具有安详、稳定和永恒感（图 3－7）；垂直线含有

图 3－7　水平线的表现

硬直、挺拔、单纯感；曲线则令人感觉到运动、温和、柔软、优雅等（图 3－8）。封闭的线形成一个面，因为面的轮廓是由线

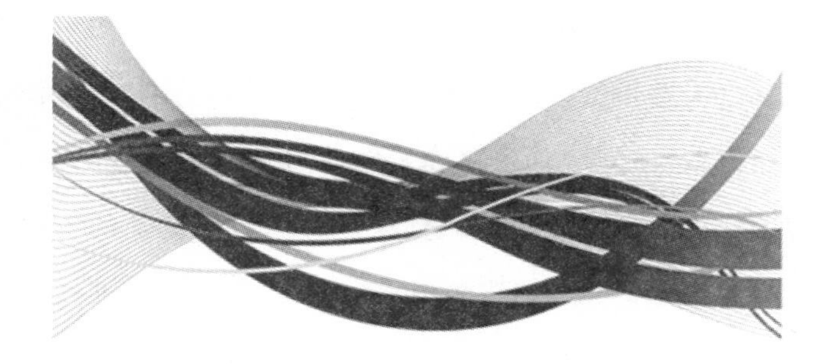

图 3－8　曲线的表现

来决定和体现的，线有分割和限制作用，有引导视线和指示作用。线的间隔距离不同，会产生不同的效果，有秩序的变化线的间隔，可表现强烈的进深感和立体感；大量密集的线，

将会形成面的感觉；逐渐变化角度的倾斜直线，有扭曲的曲面感等等(图 3－9)。而在容器造型设计中，按照功能要求线可分为造型线和装饰线。

图 3－9　线的视觉效果的表现

在包装容器的设计过程中常常要绘制三视图(包括正视图、侧视图与俯视图)。而在三视图中表示容器结构与轮廓的线称之为造型线。造型线是影响和决定包装容器形体的线。所以在设计时，首先要确定容器造型是以直线为主，还是以曲线为主，抑或曲直结合，这是容器造型设计的首要任务。然后要协调和确定线的长短比例、方向变化及曲线的弯曲度等，通过这些变化形成理想的带有感情特征的包装容器造型线。从视觉感受来说，直线所构成的形面和棱角往往给人以庄严简洁之感，曲线所构成的形面给人以柔软活泼和运动之感。造型线的复杂多变，决定了容器造型的多姿多彩和千变万化。如在酒包装容器造型中，胸腹部一般采用直线，颈肩部采用曲线。通过长短、角度及曲直线型的变化，可以产生多种造型形式，有强烈的引导性和情感性的语言表征，能够表达运动，暗示体块，展现出三度空间形式的意境。正如英国画家威廉·布莱克所说："艺术品的好坏取决于线条。"

装饰线是指依附于造型线且带有装饰性质，但不影响整体形状的线。装饰线既能丰富形态结构，又能制造出不同的质感和肌理效果。我们在设计时要注意装饰线的方向、长短、疏密、曲直等对比效果的运用。尤其是在一些高档酒类和化妆品的瓶体设计中，为了追求赏心悦目的视觉效果和增加商品的附加值，往往是采用装饰线。而在一些饮料容器造型中，设计者则有意在手握的部位设置装饰线条，这些装饰线不仅能起到装饰美化的效果，而且在握持容器时不易滑落，符合人机工学的要求，从而达到包装容器造型设计的功能需求与审美趣味的有机结合(图 3-10)。

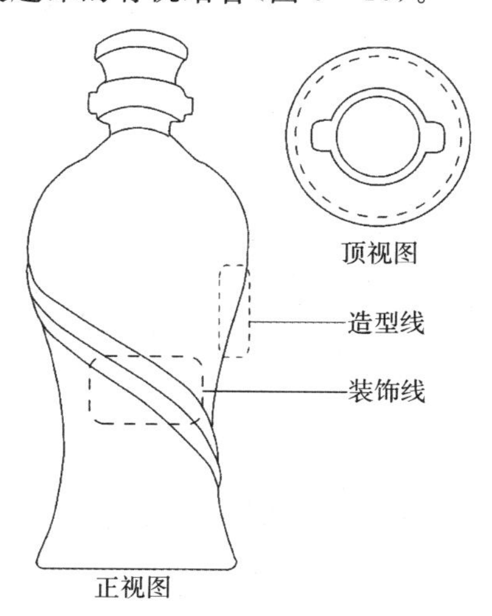

图 3-10 包装容器三视图造型线与装饰线

3. 面

线是由于点的移动而生成的，而面则是由于线的移动轨迹而形成，但是面给人的心理感受取决于边缘线的形状。面是构成立体造型的主要要素，不同形状的面可以给人不同的视觉感受。在包装容器造型中，面是展示产品信息的主要载体。几何形的面能表现出秩序、简洁的感觉，视觉冲击力强，醒目易认，但是有时也会产生呆板、单调、缺乏人情味的感觉；不规则形或自由形的面给人以活泼、自由的感觉，具有亲和力，但运用时应注意不要过于细碎。在容器的造型设计中，严谨的几何形和活泼的自由形应该合理地结合起来，互为补充，以使其形态既有变化又和谐统一。

面给人一种向周围扩散的力感，或称张力感，这也是由于它所具有的薄与幅面的特征所决定的，如厚度过大，就会使其丧失自身的特征而失去张力，显得笨重。但用面可以限定造型的形式，面造型的特点可以构成各种各样的虚实空间形态，用它可以创造出表达各种意境、形式、功能的造型空间。面的量感和体积感常在造型中起到稳定作用；面可有多种方法来表现二维空间中的立体形态，使之产生三维空间感；面的深浅在造型中能起到丰富层次的作用。

在包装容器设计中，大量的视觉性、信息性元素依附于面上，如形状、色彩、肌理、文字信息、图形信息等使造型与包装信息相互协调，呈现出无尽的丰富性和多样性。我们在包装容器造型的设计实践中用面做装饰造型和立体造型时，要着重研究、处理好以下问题：要根据预定的造型目的，调整好面与面之间的比例、放置方向、相互位置、距离疏密等各种关系，以达到最佳的预期效果。一般来说，在包装容器造型中，较少使用曲面，多用平面造型，便于适应机械化和标准化的生产要求。各种平面根据其放置方式的不同，又可以分为水平面、垂直面和倾斜面。水平面给人以平静、稳定的感觉，有引导视线向远近、左右延伸的视觉效果；垂直面给人以庄重、严肃、高耸、挺拔、雄伟、坚强的感觉；倾斜面具有灵活的动感（图 3－11）。

图 3－11　面的体现

4. 体

包装容器造型设计的体形态，是指在满足商品包装基本功能的前提之下，了解和把握体形态的特征以及体形态创造的基本途径，以体形态为对象，对其造型变化及更新的规律所进行的研究，它是对设计要素进行分解与组合的过程。设计师利用特有的造型语言进行的体形态设计，通过造型形态向受众传达设计师的思想、理念以及企业形象的概念，同时可以提高设计师设计容器造型的空间想象能力、形态造型能力、形态的形式感应能力以及对立体造型的审美能力等，从而创造出满足基本功能需要且具有美学意境的空间物质形态。

现实世界中大多数形象是以体的状态呈现，体是点、线、面的多维延扩。体可由面包围而成，也可以由面运动形成，面的转折、运动、堆积、旋转都可以产生体。体脱离不了线和面，在相当程度上体的构成依赖于线和面。体的感知效果除与轮廓线有关外，还与体量有关。厚的体给人以敦厚、结实之感；薄的体有轻盈、秀丽之感。另外，色彩、阴影、材质等均会极大地影响体的感知效果。

体有直线系、曲线系和中间系三类。具有代表性的有：正方体、球体、圆锥体、圆柱体、长方体、方锥体等六大基本形体（图 3－12）。在这些形态之间都相互联系着，且任何一个

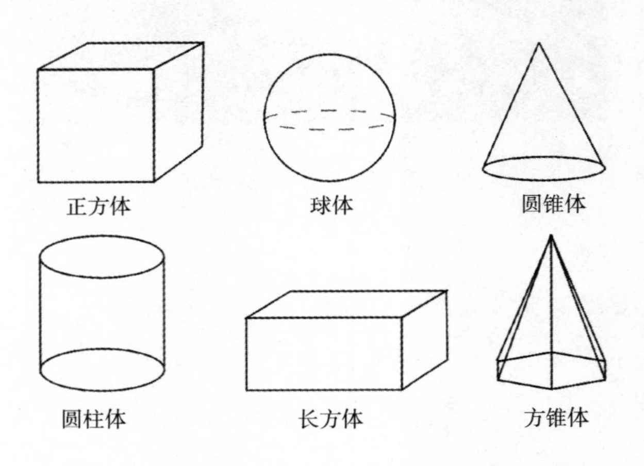

图 3－12　六大基本形体

基本形态经过变化都可以演变成另一个基本形态（图 3－13），这就为包装容器的体形态设计提供了多样性创造的可

图 3－13　体的变形

能（图 3－14）。

使用体进行容器造型的方法，一般有体的穿透、群体的组合以及体的转动等。尤其值得注意的是，在使用体的穿透时，体上所穿透的部分不宜太大和太多，否则会对容器的储运和使用带来不便。容器的立体造型是用具备三次元（长、宽、高）条件的实体来限定空间的形式。要注意的是，块体没有线体和面体那样的轻巧、锐利和张力感，它给我们的感觉是充实、稳重、结实而有分量，并能在一定程度上抵抗外界施加的力量，如冲击力、压力、拉力等。体的形态丰富多样，所

图 3－14　体的体现

以可以用它来限定和创造无尽的包装容器造型空间。

随着科技的进步以及消费者审美水平的不断提高，包装容器造型的形态变化日益丰富。因此，我们在进行包装容器造型设计时，应增强对立体形态的表达和创造，了解立体形态发展变化的必然性与永恒性，同时，充分地认识和理解各类形态，有目的地创造出新形态。因此，熟悉并创造性地掌握容器体形态的设计方法，对包装设计工作无疑有着极为重要的指导意义。

体在几何学上被定义为“面的移动轨迹”，也即在平面构成元素的基础上形成的，具有位置、长度、宽度、厚度等形式特点。而包装容器造型设计中的体是三次元的并占有实质的空间，具有体积、容量、重量、封闭与力度等特征。体是造型中平面构成要素运动变化的结果，具有客观实在性。它占有三维空间，是具有上下、左右、前后三个维度的形态。

包装容器造型作为以体的特征而存在的造型设计，对于包装设计工作者来说，不仅极有必要研究其特征和变化规律，而且还应将体形态元素的研究作为基础。我们知道，体有多种形式，如方体、锥体、柱体、球体以及这些体相互组合构成的形体，这些基本形体具有简洁、对称的外观，体现了精确的数理结构和严密的逻辑性。因而，只有深入研究了解包装容器造型的这些变化和特征，才能设计创造出更合理、实用、美观的包装容器。

立体形态的变化是通过外力作用和内力的运动变化共同构筑生成的。容器造型要素点、线、面、体的移动、旋转、摆动、扩大使体形态发生变化，而且点、线、面的形态特征和不

同的组合方式，使体的变化极为丰富。如果我们能对各种形态元素的特征进行全面分析，并巧妙利用，是可以创造出丰富多样的体形态造型的，如弯曲、切割、展开、折叠、穿透、膨胀等运动形式都会使容器造型更具多样性。

体的变化可分为简单变化和复杂变化。进行体的简单变化，可任选一个形态，向其施以外力作用，即在简单形体上进行增减、切割、压延、拉伸、扭曲、凿孔等外力手段以求得新的变化，甚至使其演化为另外一种形态；体的复杂变化可以发生在两个完全不同的形态中。它可以通过不同形体间过渡时发生的逐渐转折，而呈现出形态间细微变化的视觉效果。所以，我们在进行体形态变化时，应充分把握住将要完成的形态特征，并以此为依据对形态加以塑造，从而使设计出的形态既符合功能目的，又符合受众审美，同时又符合设计者所要表达的思想和理念。当然，这种形态的相互转换方法，可灵活转换各种形态，产生多向思维的创造意识，从而深化对形态变化的认识。

包装容器形态是千变万化的，但它们都是通过一定的基本形拓展、变化而来的。在造型设计中，“变”不是孤立的、绝对的，任何一种变化都要从整体观念出发，力求在统一中寻求变化，变化中有统一的整体概念。设计师在考虑对形态变化的同时，应该注意选择主导形体、次要形体和附属形体，并建立体块之间的关系。还应该注意对比形状的特性，考虑体块、比例和特征的互补关系，建立主导的、次要的和附属的关系，从而达到各种元素的和谐组合，形成统一的视觉语言。

三、包装容器造型形态的类别及其特征

在我们的现实生活中存在着各式各样的物体，这些物体都具有各自的形态特征。可以说，所有可视的物体形象都有其形态。对于这些每天围绕在周围的形态，我们几乎已经熟视无睹。但对于一个从事包装容器造型设计的工作者来说，所有这些形态都将成为包装容器造型设计的母体与源泉。包装容器造型设计是通过我们对形态元素的分析，找到与包装容器造型有共性的元素，再对其进行思考与加工的行为过程。所以，更好地认识这些形态，才能做到整体而有序的把握。为此，我们可以利用分类的方法对形态进行分析和归类，已便更好、更方便地在设计实践中运用。

一般的形态分类往往是根据物质的属性进行划分的，因而艺术形态的分类也可以从形态本身的属性划分，如现实形态和理性形态，有机形态和无机形态，生物形态和非生物形态等等。也可以从其他各种角度进行分类梳理，从几何形态上分为正方形、长方形、圆形、不规则形；从形态的空间维度，又可分为二维、三维、四维甚至五维、六维形态；从形态属性与人的关系上可分为自然形态与人文形态。在本章中，我们主要是从形态属性与人的关系的分类角度，也即从自然形态与人文形态的角度，对形态及其特征进行阐述。

（一）自然形态

自然是艺术的源泉，艺术需要不断从自然中摄取营养，从而丰富艺术创作者的想象力。雷诺兹曾说过："艺术使自

然更完美。”艺术在自然的引领下逐步走向人们心灵的自然。“自然”所包含的内容非常广泛，它包含了宇宙间的全部，是一切自身具有运动源泉的事物的本质，隐含着事物在其自身的权利中具有生长、组织和运动的天性，自然学家将它解释为一种时间和空间的全部现象所共同组成的完整体系。“自然形态”就是在这个体系中所产生的客观世界中固有的、未经过人工加工改造的一切感知的现象和形体，它是大自然的杰作，各种自然物的存在和出现都有着一定的自然规律。自然形态在经过长期的演化后具有自身的合理性和自然美感，包含着精深的功用与形态的联系，这些自然造化的绝妙之作，无不闪耀着生命智慧的灵性之光，成为人为造型的蓝本。在包装设计中运用自然界的形态也叫做“包装仿生形态设计”，如植物果实既是一种组合式的形态包装，又是一种缓冲包装。包装自然生物形态仿生设计是在研究自然界生物体的典型外部形态结构特征及其象征寓意认知的基础上，以自然界生物机体的形态为原型进行再加工创造的设计思维方法和设计手段。它通过对包装形态与仿生设计关系的研究，以自然形态为基本元素，从自然形态中发掘更多的原创点，通过解构、简化、提炼、抽象、夸张等艺术手法的表现，结合包装设计的自身特点，把握自然物的内在活力与本质，传达其内在结构蕴涵的生命力量，使包装形态设计既具有质朴、纯真的视觉效应，又蕴涵丰富的艺术精神与价值内涵，从而创造出更具人性化、创新性、艺术化、情趣化、生活化的包装形态(图 3－15)[①]。关于更多的仿生设计在后文中将有详细介绍。

① 杨茂林著:《自然形态仿生在包装设计中的应用研究——论包装形态仿生设计》,《艺术与设计(理论)》,2007 年第 10 期。

图 3－15　自然形态的表现

（二）人文形态

除了上述自然形态外，还有人类有意识、有目的地从事视觉要素之间的组合或构成的活动而产生的形态——人文形态。如容器、风扇、轮船、桌椅及雕塑等。其中容器、风扇、轮船等是从实用功能来设计制作其形态的，而雕塑则是一种将形态本身作为欣赏对象的纯艺术形态。这就使人工形态根据其使用目的的不同，有了不同的分类。包装容器是为包装产品而服务的，所以包装容器造型要符合包装功能要求。自然形态与人文形态的最大区别就在于人文形态中人的意志构成占了绝大比例。包装容器本身的功能性就决定在设计中必须考虑人的意志思想。创造人文形态不但满足和丰富了现代人生活的物质生活需求，同时还起到了美化生活环境、提高人们精神生活质量的重要作用。在人文形态中，根据造型的特征又可以分为具象形态与抽象形态两种形态。

1. 具象形态

所谓具象形态是指依照客观物象的本来面貌构造的写实形态，其形态与实际形态相近，反映物象的真实细节和典型性的本质真实。具象形态的造型是对实物形象的忠实再现，可以说是模仿自然形态的人为形态。在包装容器造型中模仿实物的模型给人以亲近自然的视觉和心理感觉，如儿童食品容器常常以汽车模型、玩具人偶等造型来迎合儿童的童趣心理。总之，一切对实物自然形态忠实再现的艺术表达方式都属于具象形态的造型(图 3 - 16)。

图 3 - 16　具象形态的表现

另外，具象形态还代表着一种实体，实体存在的意义就在于它构筑了具有实际功能的空间，也就是将人为创造的空间延伸到了我们实际的生存空间。此时具象形态的空间已经不仅仅是它自身的空间，还包括了它所延展的外部空间。

2. 抽象形态

抽象形态则是针对具象形态而言的，所谓的抽象形态是指被高度提炼加工过的形态。抽象艺术就是指人为形象大幅度偏离或完全抛弃具象形态的设计创造。它不直接模仿现实，而是根据原形的概念及意义而创造的观念符号，使人无法直接辨清原始的形象及意义，并以纯粹的几何观念提升的客观意义上的形态，如正方体、球形以及由此衍生的具有单纯特点的形体。抽象的包装容器形态是一个经过复杂提炼的形态，在这个过程中需要不断地强调和夸大我们所要表现对象的本质特征，扬弃非本质特征（图 3－17、图 3－18）。抽象形态根据造型特征的分类，又可以分为几何状的抽象形态和不规则状的抽象形态。几何状的抽象形态为几何学上的形体，它是经过精确计算而制作出的精确形体，具有单纯、简洁、庄重、调和、规则等特性。

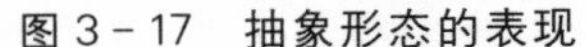

图 3－17　抽象形态的表现

图 3－18　抽象形态的表现

不规则状的抽象形态是相对于几何状抽象形态而言的，是一般几何学所不能归纳的形体。它是各种形状的组合，无法用一个规则的几何形状来概括，这种形态往往带有一种似乎无序但又自然随意的感觉。尽管并非所有的不规则抽象形态都具有实用和美感，但由于这种形态能适合生活中的各种使用需求，同时也能带给人们一种异样的感觉或某种联想，因而在设计创造中也普遍应用。

在上述中，我们对抽象形态的类别及特征进行了简单的论述，这是抽象形态的表层含义。但其还有更深层次的含

义，即形态的本真内涵。阿恩海姆曾认为：意义最有力的传达是知觉形式的直接碰撞。可视的形式代表着有关人类状态的象征性陈述，如最简单的圆形与方形本身就具有天圆地方的意象。圆形可以代表中心系统，它具有内在的自足性，可以象征出世、天堂、无限、尽善尽美的宗教形象。方形可以代表方格系统，这个系统受制于重力、引力的作用和横加的制约，可以象征入世、法则、世俗的容器、空间、秩序与限制。两个空间系统的相互作用必在形式上产生形、色和运动的复杂性，并象征性地表现任何事物都有的宇宙的完美。

所以，在现实中，有些设计者带着识别的眼光去解读抽象形态，还是不够的。因为他们的眼光是往下看，是要寻找可以理喻的有含义的坐标。然而，抽象物体的设计有时是通过抽象形态传达一种精神，而非语义上的。就像音乐一样，只能“倾听”，听众必须敞开心扉，排除先入为主的观念，用心跟着音符的节奏去感悟。我们应该凝视繁星，而不应俯视地球。如果不运用我们的幻想，就永远克服不了理性认知的引力，从而停留在抽象形态的表层含义之上。

四、包装容器形态语意及传达

我们知道，消费者在购买商品的过程中，对商品的认识是从商品包装开始的。所以在设计商品包装时，要切合产品题意，符合品牌理念，同时还要满足大众的审美趣味和消费心理，以达到包装造型的形态美。具备造型美的商品包装能使消费者一见倾心，并萌发购买动机。这说明包装容器造型对消费者心理有很大影响。这种影响，具体说来，主要有以下三点：

第一，消费者对包装容器的期望度。消费者在购买某种商品之前，一般来说，其心目中就产生了对这种商品的期望。而商品要满足这种消费者的期望，就会在商品的包装上充分体现出来，以获得在消费者中的地位，从而扩大产品的销售市场。所以，商品包装可以说是一种为符合消费者消费期望而准备的一种直观刺激。如果现实的商品包装的造型美感超过消费者对它的期望水平，这将对消费者的购买心理产生极大的刺激；反之，如果现实的商品造型美感低于消费者对商品包装造型美的期望水平，这将对消费者的购买心理产生负面影响。

第二，消费者对包装造型的协调心理。这是消费者对商品包装造型与本身个性特征相符合的心理需求。一般说来，任何种类的商品都有其自身的个性特征，消费者购买这种商品而不购买那种商品往往是与商品的个性相连的。所以，商品包装造型的设计应有利于突出这种商品的个性特色，只有与商品个性特色相协调的商品包装造型才是美的造型。正因如此，我们在设计包装形态时，就要根据消费者这一心理要求，在商品造型设计过程中注意线、面、体构造三要素的合理组合运用，努力创造出反映商品个性的商品包装造型。

第三，消费者对包装容器的偏爱心理。由于民族与文化的差异，不同民族的审美标准也不尽相同，因此，消费者总是希望商品的包装造型能适应本地区的审美趣味，以及由此形成的对某些造型形态的偏爱。如中国白酒的包装设计，就是

根植于民族文化和民族审美心理而进行的设计。所以，我们在商品包装容器造型设计的过程中，应立足于民族审美标准的差异，设计出迎合商品行销区域审美观念的商品造型。这方面不仅适合于面向国内不同民族市场的商品，而且在出口商品造型设计方面也同样重要。

在了解上面几个方面以后，下面我们详细阐述一下包装容器形态的各个方面的语意。

（一）包装容器形态的指示性语意

包装容器除了要实现包装储存、容纳、裹包、促销、方便搬运等基本功能外，还应有明确的指示功能设计。包装容器形态语意应该有明确的差异性和识别性，通过指示性视触觉形态符号及其外在形态以视觉语言的形式，可以形成一种可视的使用暗示与引导，如运用按、压、推、拉等指示符号为导向，指示受众如何准确无误地使用操作，以自身的形式语言清晰明了地传递出包装容器的使用和操作方式。例如洗手液容器的出口设计，应该使人在第一次使用时，就能判断出如何操作，用手“推”与用手“压”的指示是不能混淆的，都应该以明确的形态语意给予指示与引导，否则就会使人产生歧义甚至存在抵触情绪。简而言之，就是将包装容器的使用界面的视觉形式及其外在形态以语意的方式加以指示说明，基于由因到果的逻辑关系，让人了解其意义。

指示性语意与指称对象之间的关系必须是直接的，总是与某种具体的或个别的功能和方式相一致，呈现出一种“显在”的关系。受众使用包装容器的过程其实就是设计者与受众之间的沟通过程。例如一些饮料包装的瓶口开启，居然还要用箭头、标签或文字来区分“推”或“拉”的含义，更有甚者，明明是要表达“拉”的语意，却被受众理解为“推”的意思，正是这些语意误差导致了我们对包装容器操作时的误读和错解。明晰性的语意应该告诉人们哪里是按压、哪里是抓握来消除语意的模糊性，并引导人们以希望的、舒适的方式自然地操作。

图 3 - 19 所示为一款品牌为“泰山”纯水的包装容器设计。瓶型简练优雅，在瓶身下半部有三道优美的弧度，适宜于人手的握持，而且还能增强瓶身的坚硬度，形态语意表达

图 3 - 19　“泰山”牌纯水包装

明确，人性化地解决了消费者舒适握瓶的问题，而且拿在手中有想畅饮的冲动，其造型设计符合人体工程学的要求。在当下饮用水容器的造型设计中，最简单的方法就是使瓶体上的一处或多处地方的直径缩小，以便为人手开辟出一块握持的区域。还有一种方法就是在瓶体上设置一些圆形的凹槽，

这样就可以使手掌握住水瓶的同时，指导我们将手指安放在凹槽中，既不易滑落又符合人性化设计的要求。不同的国家、不同的民族有不同的语言，但是符合语意传达的产品是不分国家、民族和语言界限的。

指示性符号与被指示物之间的连接是真实存在的，并且是“直接的物理性联系”。如图 3－20 所示的这款高锦设计的潭牌老酒包装，容器侧部依据手握持容器的方式设计相应的凹槽，具有引导手的动作和放置的语意，增强包装容器指示符号的确定性和可读性，通过操作指示符号的提示使受众很容易地就知道如何使用。形式不应毫无目的，好的设计往往是功能与形式的和谐统一，此款设计就诠释了这一设计理念。

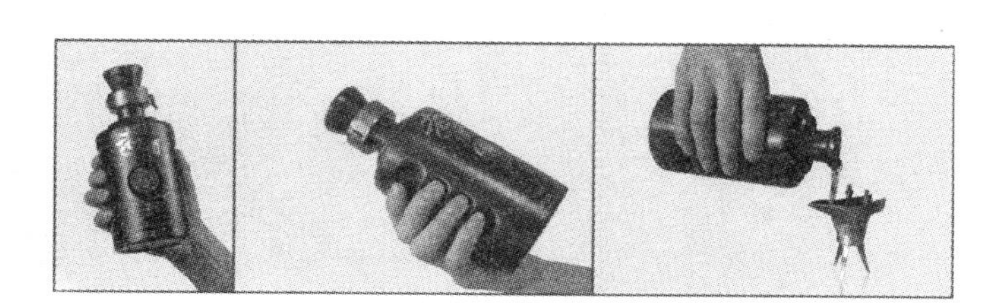

图 3－20　潭牌老酒包装

图 3－21 所示的这款由 Product Ventures 设计的雀巢 Jamba Juice 果汁饮料包装，其创新之处在于其结构的设计，瓶身采用螺旋状结构，体现出一种积极向上的态势，充满了视觉的美感。瓶体的手握部位，也随着螺旋般的转折，便于握持，给人一种舒适的手感。容器恰到好处地运用了人体工程学的设计原理，依照成年人的手的形状、大小而设计，在瓶身部位采用极端的个体尺寸，可以有效避免无限制扩大手握部位而带来材料的浪费。

图 3－21　雀巢果汁饮料包装

（二）包装容器形态的关联性语意

设计不只是某种固定的形式和秩序，而是成为了某种充满诗意和想象的观念性思维活动。关联性语意是指利用生活中的隐喻、比喻等手法，借用与已有形的相关、相近、相似、相对的关系，通过间接指涉，由此及彼而给人以新颖别致、有联想空间的感觉，即由当前事物连带想起其他相关联事物的

心理过程。视觉符号之所以可以辨认，是因为或多或少地“像”它所代表的事物或与某种行为相关联，也就是符号的能指与所指间具有某种类似性，能引起相似联想，产生熟悉的感觉，减少理解和使用的困惑。

关联性语意按与被关联对象接近程度的差异可分为显性直接关联和隐性暗喻关联。显性直接关联表现多为仿生造型，以自然界有机生物机体或其他自然存在物的形态为原型进行模拟再创造，具有亲和力的文化特质以及视觉上的易识度；而隐性暗喻关联则多为抽象的造型，是对人类社会生活、地方文化、风俗民情、制度法规及神话传说的联想，能隐性地体现出设计者的设计哲学和艺术风格。设计者在传达关联性语意时是弹性的、模糊的，不会明确地告知受众自己这样做的意图，只是借用这种形式给人以想象理解的空间，以符号的形式给人某些联想和暗示，需要借助常识经验和想象力加以完形，从而产生较深刻、含蓄的意境。

通过对设计符号的记忆，受众与自己的经历和回忆发生碰撞，激发出别样的情怀，“它是快乐往事的提醒，或者有时是自我展示。而且这一物品常含有一个故事、一段记忆，或者把我们个人与特定物品、特定事件联系起来的某些东西。”[①] 关联性形态所表达的语意往往是隐含的，如图 3－22 所示的这款波兰 U'Luvka Vodka 酒包装，包装容器瓶是以强调视知觉为设计理念，瓶体的造型设计打破了西方传统的直线形式的酒瓶设计模式，而采用“S”形的动态造型，让人联想到自然界中植物有机体的生长动势，充满了旺盛的生命力，给人回归自然的视觉感受，并引导人们追求一种乐观向上的

① 唐纳德·A. 诺曼著，付秋芳、程进三译：《情感化设计》，电子工业出版社，2005年，序言。

积极态度。

图 3-22　U'Luvka Vodka 酒包装

设计者在塑造关联性语意时应尊重自然物象、客观规律以引起受众的认同。关联性语意运用得好可以给人似曾相识的亲切感、意蕴无穷的想象力。正如法国著名现象学美学家米·杜夫海纳所说:"想象力是世界的创造者,理解力思考自然而想象力则开拓一个世界。现实只有通过非现实才不至于流于单调、平板,因为非现实把现实放在远景之中,把我们置于万物之中,置于一个围绕我们周围、向四面八方展开的一个世界中。归根结蒂,想象力是转向现实的。"[①]

(三)包装容器形态的情感性语意

"情感"作为一个心理学的术语,是"指人对周围和自身以及对自己行为的态度,它是人对客观事物属性的一种特殊反映形式,是主体对外界刺激给予肯定或否定的心理反应,也是对客观事物是否符合自己需求的态度和体验"。[②] 随着人

① 米·杜夫海纳著,韩树站译:《审美经验现象学》,文化艺术出版社,1992 年,第 394 页。

② 汤重熹、曹瑞忻著:《产品设计理念与实务》,安徽科学技术出版社,1998 年,第 198 页。

类物质生活水平的日益提高，情感因素现在日趋成为包装设计中一个不可或缺的重要考虑因素。受众不仅需要拥有包装的使用功能，更需要能够满足心理、情感以及体现自我价值等方面的包装容器。

设计所致力的目标不仅仅是人与物的使用关系，而且应当拓展到人与物之间的情感关系。情感性语意的认知一般是“非功利性”取向的，情感作为人对客观对象的一种特殊的反映形式，是信息沟通的重要通道，而设计作品是否与受众建立起一种积极的情感联系，在某种程度上说可以决定受众的认同感和购买欲。图 3－23 所示是台湾喜蜜(heme)乳液的包装，形态呈现出可爱、亲和、高级等情感语素，绚烂、明快

图 3－23　喜蜜(heme)乳液包装

的色彩非常迎合少女的情感需要，从而获得轻松愉悦的心理活动，受众在使用时感受到美妙的快感。通过情感语意的抒发，原本没有生命的物品能够表现出人的情趣和感受，仿佛

充满了生命的活力。在现代设计过程中包含的"主观的"、"心理的"、"审美的"、"情感的"因素,越来越成为造物设计的重要参数。正如青蛙设计公司的设计师哈特穆斯所说:"我相信顾客购买的不仅仅是商品本身,他们购买的是令人愉悦的形式、体验和自我认同。"[①]

① 童慧明、王燕玲编著:《100年100位产品设计师》,北京理工大学出版社,2003年,第52页。

在设计中体现情感性语意的就是与受众产生感情共鸣。包装容器的情感性语意是赋予包装容器人情味和文化内涵的重要内容,受众也会带着某种情感去阅读、理解包装容器的语意表达。设计者不仅要通过人性化、易操作的造型来满足受众的生理需求,更应通过加入人文情感因素体现出对人的关爱,对人性的尊重。例如图3-24所示的这款Clikpak单剂量药物配送装置是为配送小药丸而设计的专利产品,考

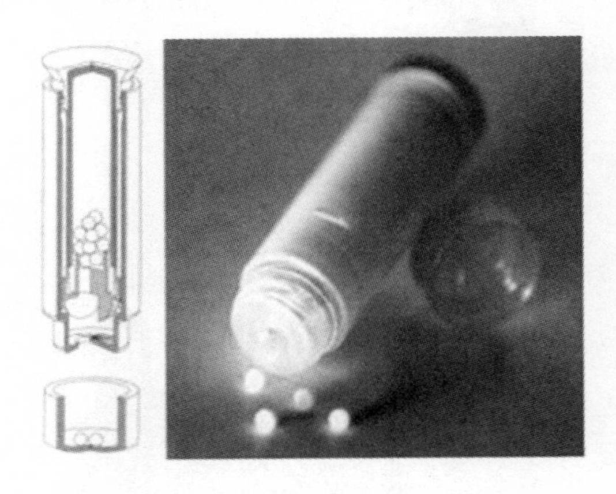

图3-24 单剂量药物配送器包装

虑到特殊适用人群及特殊使用、存储环境,该配送器每配送一粒小药丸,配送按钮就会发出"咔"的声响。药丸从配送槽直接落入剂量盖内,无须手摸,便可直接送入口中服用。这种功能特别重要,因为手一旦接触了药丸就会影响其药效及

卫生安全。阶梯状的漏槽能够确保药丸按顺序配送，避免堵塞在瓶口，半透明的包装材料能够让患者清楚地看到瓶子里容纳的药丸数，给消费者带来安全感与信赖感。

在当下这个崇尚情感和个性的信息化时代，包装容器已不仅仅具备一定的功能，更成为了人类表达情感的载体。借用人们的日常生活经验，将形态语意视觉化，使受众对已有的产品心领神会而倍感亲切，对新产品感到新颖和容易接受，甚至触及人的心灵深处。科林伍德曾说："情感的表现，单就表现而言，并不是对任何具体观众而发的；它首先是指向表现者自己，其次，才指向任何听得懂的人。"[①]情感性语意成为一种人文精神的体现，使产品具有最直接的审美感染力。

① 罗宾·乔治·科林伍德著，王至元、陈华中译：《艺术原理》，中国社会科学出版社，1985年，第114页。

（四）包装容器形态的象征性语意

象征是指用某种表达意义的媒介物（包括实物、行为、仪式、语言、数字、关系、结构等有形和无形物）代表具有类似性质或观念上有关联的其他事物。简单地说，象征就是以某种具体的媒介物通过一定形式的联系标示某种特殊的意义。在特定的人文语境下，包装容器形态为了表达深层涵义的意义，需要借助特定的形态或符号来寄寓某种思想或特殊的事理，通过明示的手法（明喻）、隐含的手法（暗喻），以及其他象征性的手法来完成。瑞士心理学家和分析心理学的创始人荣格（Carl G. Jung）在研究人类的心灵时，发现每个时代、每个民族都有无数的象征符号，这是人类心灵的需求。象征性语意的表达方式往往是间接的、隐含的、抽象的，要准确地理解和体会这种象征语意，必须借助一定的想象能力和经验积累来认知和解读。

人类利用符号进行相互交流，通过产品的外在形态传达信息，产品的外在形态除直接指示它是什么产品，如何操作和使用之外，还可以传达某种信息，说明它意味了什么。“事实上，一个社会所接受的任何表达手段，原则上都是以集体习惯，或者同样可以说，以约定俗成为基础的。”[①]象征语意与所指涉的对象之间并无必然的或内在的确定联系，也不是由受众个人感受所产生的联想，而是一种基于历史延续下来产生某种固定的、约定俗成的结果。例如，和平是一个抽象意义的概念，不能靠图像模型或者因果关系的图表来直观表达媒介和指涉对象的关系，而鸽子作为和平的象征，是一种约定俗成的观念。象征的表现方式只与解释者有关，一旦约定俗成以后，便在传播过程中形成稳定的对应关系。

包装容器造型除表达其基本使用功能以外，还要通过一些象征符号来传达产品的文化内涵，表现设计师的设计哲学，体现特定社会的时代感和价值取向。例如张爱华设计的这款泸州老窖“岁岁团圆”酒包装(图 3 - 25)，设计以“团圆”为主题，运用充满美好寓意的“圆”的概念，巧妙地通过四个棱角圆润的三角形瓶型拼接，构成一幅完美“圆”的形状。“圆”的组合结构的成功开发，打破了市场上现有瓶型的设计模式，象征着团圆美满的吉祥语意特征。希望通过祥和、团聚、共享盛世的氛围向消费者传达中国传统的团圆文化，使消费者在饮酒的过程中，更能品味亲情、友情，品味团圆、幸福，品味人生、成功带来的喜悦。

① 索绪尔著，高名凯译：《普通语言学教程》，商务印书馆，1980 年，第 103 页。

图 3－25 “岁岁团圆”酒包装

包装容器的艺术魅力，从其形态方面看，都是在不知不觉地创造这种象征性形式的过程中派生出来的。“象征的手法，往往将形与意义结合在一起，又呈现不对等的状态。形对于意义来讲，呈现出‘呈有所掩，示有所隐’曲折地表达事物的状态，从而增加了艺术表现的情趣，提高了形象的鲜活力。”[①]象征性语意的塑造是借用具有某种程度的共识的代表性的物来表达的，这种物可以是具象也可以是抽象的，它借用的是物的隐性含义，表现出一种乐观积极的精神，树立一种健康的形象。

① 寻胜兰著:《源与流:传统文化与现代设计》，江西美术出版社，2007 年，第 18 页。

本章对包装容器造型形态的构成要素、分类及特点、形态语意进行了详细的阐述，总结了包装容器造型形态的设计规律，深入再研究了包装容器形态语意的传达，希望能够为包装设计师提供可循的容器造型形态设计规律，激发设计灵感。

第四章 包装容器造型设计思维与方法

在包装容器造型设计中，创新是永恒不变的话题。包装设计师对于其作品的独创性和新颖性都是十分重视的。任何一种包装容器都表达了包装设计师们特定的设计思想，创意是一个包装容器的灵魂。如今对于包装容器的造型要素、形态、时空的表现、视觉的状态等的认识程度的加深以及现代包装设计色彩、装潢、审美的一体化，更是扩展了包装容器造型设计的展示天地。在这个时代，包装设计已经呈现出多元化的特点，各种个性的设计是相互共存的，是相互渗透的，是综合的。多元的时代反映了包装设计，尤其是包装容器造型设计的多层次和多功能的需求。这种需求之下，其创造性思维就显得尤为重要。创造性思维是指在对未知的领域进行探索的过程中，人能够充分发挥其主观能动性所具备的一种独创的思维能力。创造性思维是人区别于动物的主要标志，其本质就是创新。人因为有了这种创造性思维，才能够创造和制造出发达的工具。如今科学技术发展越来越快，包装容器造型设计与创新的关系更是密不可分，如化妆品包装中的香水包装容器以及酒水包装中的酒瓶，无不体现了创造的魅力。

包装容器造型是物质与精神的结合，因而要设计一个优秀的包装容器造型，必须要具备一定的创造性思维，其设计思维与方法显得尤为重要。高士其曾说“科学的发展史就是一部思维发展史”。[①]在整个人类的艺术创造史中，设计思维已经展现了自身无穷的魅力。在物质和精神文明已经高度发达的今天，人类作为设计思维的主体在这一领域仍需进一步开拓。从完整的设计过程看，是否善于思考，是否能从感性的认知跨越到概念的认知，从而具有不断发现新问题、解决新问题的能力，这就取决于设计者创造性思维的水平。认识包装容器造型设计思维，我们首先需把握其实质，对包装容器造型设计思维的对象、功能和研究方向有一个较为深刻的认识，才能寻求到更多的思维方法。

① 高士其:《科学的发展史就是一部思维的发展史》，见钱学森主编《关于思维科学》，上海人民出版社，1986年，第2页。

一、包装容器造型设计思维的基本概念

包装容器造型设计思维的基本概念包含了三个方面：一是包装容器造型设计思维的主体；二是包装容器造型设计思维的对象；三是包装容器造型设计思维的方式。我们只有对其基本概念有了足够的认识，才能在包装容器造型的思维方法方面取得长足的进步。

（一）包装容器造型设计思维的主体

设计思维属于人脑的一种高级思维形式。作为思维活动生理基础的人脑在思维活动时具备什么运动特征，人脑怎么思维，思维时人脑会产生什么样的变化并对思维产生什么样的影响等等，都是人们十分关注的问题。

人的思维与人的感知、语言、情感等密切相关，而这些思维活动与大脑皮质部分的神经细胞有着重要的关系。从生理学角度看，人与人之间脑结构、脑容量差异并不很大。但由于人的知识结构、智力结构和具体能力之间的差异，还包括其他非智力因素，决定了每个人的思维方式、思维能力以及思维结果的不同。包装设计师在就某一个包装设计项目进行创作时，首先要具备包装设计创作所必需的和与其相关的基本条件，比如，接受过基本的包装设计基础教育和形态造型的训练等。这样在进行包装设计时，才能遵循自己的目标去寻找灵感，去思考，去探索，去完成包装容器造型设计的思维过程。

包装容器造型设计思维在表现物质世界的同时，更注意表现精神世界。包装设计师通过自己的包装设计作品来表达发自内心的感叹和对事物的认识，这种认识来自于包装设计师对生活的细致观察以及对所包装产品的了解，来自于他们在思维过程中的透过事物的表面现象捕捉到的本质特征。这在包装容器造型设计的实例中多有披露。如图 4－1 所示，由日本设计师三宅一生（Issey Miyake）所设计的法国“一生之

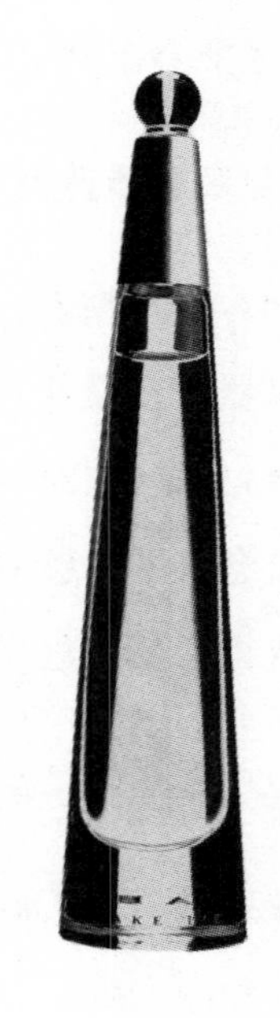

图 4－1 “一生之水”香水瓶

水”香水包装即经历了这样一个过程。“一生之水”香水瓶的设计，其灵感来自巴黎埃菲尔铁塔，瓶身有如雕塑一般，呈三棱柱的简约造型，轻微的曲线形态更是增添了容器的魅力，在带有东方文化的简约的同时，也充分地展现了法国人的高贵和浪漫[①]。不难看出，在创造该款包装时，设计者一方面将玄奥的东方文化渗入其中，使包装容器显得简约而纯净；另一方面则充分考虑到法国民族文化的心理和产品本身的特点，以法国巴黎的象征埃菲尔铁塔为原型进行创造，不仅满足了法国人的文化消费心理，同时所添加的轻微曲线形态，也彰显了法国人高贵且浪漫的生活方式。由此可见，包装设计师要创造一个优秀的产品包装容器造型，应在对产品本身做充分了解的基础之上，并深切地透析地域文化的特点和消费心理的特征，而后才能创造出优秀的受消费者喜爱的包装容器。

① 朱和平：《世界经典包装设计》，湖南大学出版社，2010年，第109页。

（二）包装容器造型设计思维的对象

包装容器造型设计思维的对象主要有大自然和社会生活的各个方面。人们在包装容器造型设计中，要对所设计的对象进行思考，经过造型设计思维活动形成具有符合功能和艺术设计表现力的设计作品。可以说，无论是精神上还是物质上，无论是主观上还是客观上，可供我们进行包装容器造型设计的题材无所不在。人们对生活中存在于身边的各种事物，会因人而异地产生不同的认识和看法，在其思维过程中，还会渗入自己的理念、观点，作出自己的推测和判断。如图4－2所示的荣获第三十届“莫比乌斯”包装类金杯奖和总

评大奖的中国“水井坊”酒包装便是一个在形式感设计上获

图 4-2 “水井坊”酒包装

得成功的例子。设计师为“水井坊”的酒瓶设计了一个古色古香的底座。这个底座没有任何实用价值。设计师将底座设计成可以再次利用的烟灰缸，但就这个包装而言，底座的主要目的仍然是赋予产品以神圣、尊贵的气质，符合产品较高的定价，而所谓“烟灰缸”这一功能是包装设计中附属价值的体现，只是为了让一切更合理化。

如果说包装设计是体现生活方式进步的一种方式，那么，它首先表现为包装设计在思维上的合理性和科学性。包装容器造型设计的思维体系，不是孤立的附庸风雅，也不是对技术文明和艺术设计符号的简单追随，更不是在纯粹设计艺术殿堂里抒发个人旨趣的单纯思维。包装容器造型设计是解决具体问题、反映生活主旨和产品特点的有效手段，应该通过巧妙的造型把来自各方的诉求综合起来，然后表现为

“无声的引导,无言的服务”。包装容器造型设计的思维,是一种肩负社会责任的思考,是一种探讨人们如何健康生活的思维,是可贵的人文情怀。

在现代社会里,包装设计师的包装艺术设计已经不仅仅是从大自然中汲取灵感,而是从现代生活的各个角落、各个层面、各种信息中获取灵感,从前人创作出来的优秀包装设计作品中获取灵感,这样的思维对象是非常丰富的。

(三)包装容器造型设计思维的方式

凡是从事包装设计的设计师都认识到包装容器造型设计是个复杂的思维过程,它不仅要考虑包装的安全性和商品属性,还要考虑包装容器的结构、材料、制造工艺以及外观造型、文字色彩的视觉效果、展示方式、运输手段等各种不同的因素。此外,还要考虑包装容器本体之外的其他因素,特别是要将社会的、人文的、经济的、艺术的、心理的、生理的、环境的各种外部因素统一综合考虑,以创造出符合人们,尤其是消费受众所要求的包装容器造型。在这系列要求的限制下包装容器造型怎能创新,怎能符合现代人的审美需求和审美个性,又怎能满足人们日益增长的精神文化需要。那么,什么样的设计思想才能科学地指导我们的设计呢?目前市场上形形色色的设计,从现象上看,似乎是设计者们各显神通的结果,难有规律可循。但如果我们从设计思维的类型来看,主要有三种方式,即模仿型、继承型、反叛型的思维方式。下面来分别谈谈这三种思维方式在包装容器造型设计中的运用。

1. 模仿型。模仿是人类最早的造物方式。模仿型设计是从模仿自然物的原始功能开始，是原始社会依赖自然形式的衍生物。人类曾有一个使用石器、木器等天然工具的时期，当直接依赖双手和天然工具已不能完全符合社会生产、生活的需要时，不得不创造了与自然物相似的“人造器具”。人类在模仿自然的过程中水平也逐渐提高。手工业时代创造的各种不同的生活用具，在造型和结构上都与人的方便使用有关，特别是与人的手的功能相似，多数至今还在使用。可见模仿型设计思维是建立在功能上的，是以模仿自然物为基础的。在高科技时代，模仿的水平又有了更大的提高，直至模仿人脑的计算机以及机器人的出现。人类从开始制作陶器时起，就根据生活的实际需要，按照一定的目的和要求，事先进行考虑和计划。准备制造出什么样式的容器造型来适应生活需要，预先总要有个设想和意图，然后根据这些设想和意图去制作，通过各种不同的方式和方法去实现预想的效果。

最初出现的容器造型，只能依照或者模仿自然界固有的形态和功能，仿照原来使用的果壳加工改造的容器样式。模仿型这种设计思想在以后的不同时期都有痕迹，如明代的葫芦瓶、蒜头瓶等。在模仿自然形态的同时也创造了具有使用功能的造型。模仿型设计思想并不是自然主义的，它包含着创造性思维“举一反三”的素质，是创造性的初级形式，它排斥栩栩如生、重复自然的创造性设计思想。它虽然不是人类创造性的全部，但却是开端和基础。在现代包装容器造型设计中，特别是在矿泉水瓶、饮料、酒水等包装容器的设计中，这一思维方式就运用得十分广泛。最典型的例子莫过于由英国设计师佩尤（W. A. G. Pugh）于1956年设计的吉夫柠檬饮料包装容器[①]（图4－3）。该款饮料包装容器的设计即是在充分运用模仿型设计思维的原理，以自然界中的柠檬形状为原型而创作的。该包装于1956年上市后取代了市场上常见的玻璃容器，受到了英国消费大众的普遍喜欢，从而取得了巨大的成功。以模仿型设计思维的原理进行创作的且取得成功的包装容器的例子也不胜枚举，在此不再一一列举。

图4－3　柠檬饮料包装容器

① 朱和平：《世界经典包装设计》，湖南大学出版社，2010年，第70页。

从以上的阐述，我们可以发现，如果在包装容器造型设计中科学、合理地运用模仿型的思维方式，不仅能够增强产品与自然间的亲和力，拉近与消费者的距离，而且还可以充分体现当下设计师对自然的尊重与理解，建立起“绿色、生态、系统化”的设计思想。

2. 继承型。继承是对历史已有创造物所进行的一种模仿与改良。也就是说，继承有模仿的意味，但原型是前辈们的创造物，它蕴含了批判的成分。人类早期的器物产生，毕竟开始了最初的造型设想和计划，并根据生活的需求，借助于原始形象，开始认识造型的本质，并创造出自然界所没有的许多造型体。虽然还没有摆脱原来的特点，但实质上是一种创造性的探求。例如堪称经典的可口可乐瓶的设计就经历了好几个阶段的造型变化，不过，这些变化都是在第一款可口可乐瓶的基础之上进行的一个改进。可口可乐经典玻璃瓶(contour bottle)外形设计是由美国印第安纳州玻璃工厂的瑞典工程师亚历克斯·萨缪尔森(Earl R. Dean)于1915年设计的。设计之初，是根据《大英百科全书》中一页有关可可豆的曲线形状的图示设计发展而来的。1920年，为了适应当时的制瓶机器，又将可口可乐瓶进行了改进，使其变得更加苗条。到1955年，又由美国工业设计师西蒙·罗维在之前的瓶形的基础上重新设计了可口可乐玻璃瓶，去掉了瓶子上的压纹，以白色的字体替代，最终形成了可口可乐瓶的经典造型(图4-4)。随着生活方式的进步和生产技术的提高，人们在使用饮料瓶的过程中，意识到了瓶形的某些不足，因而对它进行了发展，瓶形的高度及胖瘦都有改进。这就是继承型设计思维在包装容器造型设计中的表现。又如日本2000年的大菰樽清酒包装，是在日本传统容器中的菰樽的基础上进行模仿和造型改良的结果。

图4-4　可口可乐瓶的经典造型

当然，必须要指出的是，继承型设计思想不同于“复古主义”，后者明显是保守主义、复旧的同义词。继承型思维强调

批判的成分，反对照搬陈旧的，主张推出时代的和民族的作品。因此，我们在设计过程中，应当灵活地运用，而不要犯“本本主义”的错误。

3. 反叛型。所谓反叛型设计思维是认识上的突变和跳跃，它有十分明显的反传统性和反常性，其往往指向与传统或者习以为常的截然不同或相反的方向。譬如，20 世纪初的功能主义设计的口号是“形式服从功能”、“功能第一，形式第二”，这显然是与古典主义的“形式至上”的观念针锋相对的。同时，反叛型设计思想又有独特的新颖性。在司空见惯的大量传统包装容器造型设计面前，与之截然不同的新造型设计一旦出现，无疑是鹤立鸡群，引人瞩目的。在包装容器造型设计中反叛型思维方式也时常有运用，最典型的是法国的 Piper Heidsieck Sauvage 桃红香槟酒包装（图 4－5），该款

图 4－5　桃红香槟酒包装

包装将香槟进行倒置，突破了传统形体联想的禁锢，与同类产品相比更能凸显自己的特色，因而吸引了消费者的目光。

长期以来人们习惯于形式的存在，一旦这种惯性被打破，必然给消费受众以强烈的视觉刺激。这种“反其道而行之”的造型设计思想也属逆向思维理念的一个重要的设计方法，对包装容器造型设计的发展起到了十分重要的作用。另外，像“倒置”这种成型的方式还有很多，如柱体旋削、块体堆积、分割组合，等等。

值得注意的是，以上这三种设计思维模式，在整个人类设计思想的发生和发展上，没有一种模式是绝对独立的。包装容器造型设计的模仿型、继承型、反叛型思维模式不仅是纵横交错的网格结构，而且也呈网格式的纵向交错。无论是模仿型、继承型还是反叛型设计思想，都不是孤立存在的，都是建立在包装实用性功能的基础上的。在不同的时代和不同的历史环境中，它们的侧重点是不同的，在平稳发展的年代，人们乐于接受传统型的容器造型；而在日新月异的追求时尚的年代，人们更喜欢有新意、有个性的容器造型。

包装容器造型设计思维的过程是一个环环相扣、步步深入的过程，集中地体现了设计思维活动中高度的归纳、整理、概括的能力。因此，包装容器造型设计应大胆地突破前人的框框，以全新的概念从功能、整体出发，多角度、多次元、纵横交叉地去思考，去创新。将旧的概念打散、分解，深入研究、探讨它们的造型与结构，找出联系这些造型与结构的纽带，发现其中的优点和不足，然后再进行整合，造就新观念下的新造型。当然，我们也不能随心所欲地追求外观美感而忽略其实用效果。

二、包装容器造型设计思维的基本形式与类别

包装容器造型设计思维的概念得以厘清,为我们叙述其基本形式与类别有一定的帮助。包装容器造型的主导者是设计师,而设计师们的创作却又受到设计思维的影响。包装容器造型设计思维都是建立在思维科学体系基础之上的综合思维形式,随着历史的变迁,人类思维的能力、结构、特点及内在规律逐渐发生着变化。确切地说,包装容器造型设计思维是人们在设计容器造型时的一个思考过程,这一过程直至容器成型才结束,我们将包装容器造型设计思维按其特点分为以下几种形式和类别:顺向思维、逆向思维、中心发散思维。每种思维形式都有自己的特点和规律,各自形成一个完整的思维体系,同时又相互影响、相互作用。

(一)顺向思维

顺向思维即按照规律和常规去推导,是一种主动积极解决问题、寻求答案并具有独创性的思维方式。其在包装容器造型设计中的体现,主要是要求设计师们主动去寻求当下容器造型设计(设计成品)中所存在的某种弊端,然后通过阅读大量的相关资料,并建立在大量的客观形象基础上,再运用概念、判断、推理的形式和主观认识以及情感识别找出事物的本质特征及内部联系,再结合设计师的独创性解决现在能解决的一切问题。

我们纵观顺向思维在包装容器造型设计中的运用,不难发现,虽然顺向思维当中的创造性思维、灵感思维等均有运用，然而使用最为普遍的还是形象思维。包装容器造型设计是一种创造性的形象思维的组合活动，它的功能目的是促进商品销售。无论是食品包装还是洗洁用品，都是一种以形象为设计的思维活动[①]。包装容器造型设计从草案阶段到正稿确立，都是以形象思维为主体的视觉化表现活动，每一个具体的包装容器造型它的视觉元素形态的最后完成都要经过思维加工组合，有的甚至要经过多次反复的思维加工与组合才能得到完美的形象。可以说，离开了形象思维活动，也就谈不上包装容器造型设计的组合过程。

包装容器造型设计过程中无论是市场调查、收集材料和利用资料，还是设计草图方案、修改及完成，始终都贯穿着一种复杂的思维活动。逆向思维、发散思维和逻辑思维虽然是其中十分关键的思维方式，但是，在整个包装容器造型设计过程中，顺向思维，特别是形象思维所起的重要性是不可缺少的，它具有想象和扩展思维活动的作用。

顺向思维当中的形象思维是指运用某种形象作为思维形式的活动，它的主要方法是联想和想象。在思维活动中，事物形象的产生首先是通过感知表象实现的，表现是形象思维的初级原材料，思维是通过对表象的形象加工来反映事物。具体有两种方法：一种是基于原本表象形象而把设计形象连接起来，形成一个形象链，并通过事物之间的某种关系把握对象；另一种是把各种表象形象加以分解或者打散，重组成新的复合形象。就两种方法来看，前者是联想的方法，后者是想象的方法。在包装设计发展过程中，利用联想和想象的例子屡见不鲜。如我国传统包裹形式中的箬叶包裹粽

① 柳林，陈莹燕：《包装设计中的形象思维》，《包装工程》，1998 年第 6 期。

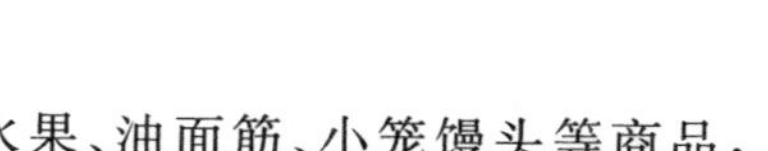

子，用竹子编织的篓筐盛装水果、油面筋、小笼馒头等商品，所有这些早已显示出联想和想象在形象思维活动中的威力。

顺向思维最基本的特点，就是这一思维活动是主动的，并始终结合着旧有的以及具体生动的形象，根据规律发展推导出结果的过程。因此，顺向思维作为思维方式的一种特殊状态，经常在包装设计造型中运用。因其是根据规律发展推导出结果，所以顺向思维从属于认识论的一般规律。实现这个认识深化的基本方法，仍然是分析与综合。包装设计师在生活中对某种事物产生特殊感觉或对某件设计品产生怀疑时，便对它进一步观察、体验与思考，并把它置放到更广阔的生活中去比较、验证，这就是分析。当包装设计师认识了这个事物与其他许多相近的事物的某些共同特征之后，据此进行提炼、概括，这就是综合。依据实际生活进行分析、综合而创造的包装设计作品，就不再是生活现象的简单反映，而是生活本质的形象的提示。如图 4 - 6 所示的“五粮粽包装”的设计紧紧围绕“粽子”的形象，充分运用联想和想象的思维方式来设计外包装。其外包装采用三角形竹编形式，呈现出类似粽子的形态，很好地实现了商品的特色。这种外包装形式，可以使消费受众根据包装的外观形象去联想粽子所具有的历史，体现出民间产品的包裹特色。整套包装设计是在顺向思维活动指导下，以形象元素组合完成的，具有引导消费联想和想象作用的包装作品。

顺向思维最主要的特征就是创造性与形象性。创造性是指从已有的知识和经验中引申出解决问题的方案。它是一个既有量变又有质变，从内容到形式又从形式到内容的多

图4-6　五粮粽包装

阶段的创见性的思维活动。又是多种思维方式的综合运用，其创造性也体现在这种综合之中。而顺向思维的创造性的要求在于要创造新形式，创造一个人们所未见过的新的内容。“旧瓶装新酒”的形式包装是不可能给人以新鲜感的，从而也无从称之为创新的包装设计。形象性也称为具体性和直观性，人类对事物的感知最初就是通过感觉器官进行的，这些事物的信息以各种形式的形象作为载体。从包装艺术的角度上说，形象是艺术作品的基本特征；从包装设计角度上说，形象是包装设计的视觉叙述。没有了形象，包装设计就没有了思维载体和表达语言，包装容器造型亦是如此。包装设计师常常将传达的内容做成最有效的最美的造型化的设计传达给人们。从形象入手进行设计，易于准确地表达主题，受众也容易得到明确的信息和审美愉悦。

（二）逆向思维

所谓逆向思维是指采取和通常认为理所当然的想法完

全相反的方向去思考和设计。由于人们的视觉中心组织长期受到某些固定因素的刺激，因而形成了一种“固定视觉流程”，而在这种流程的影响下，形成了一种固定的思维模式。设计时我们的思维总是被束缚在这个概念里。而采用逆向思维设计包装容器造型时，则需要打破原有模式，以一种新的思路去考虑问题，例如，能否将通常认为只有一种开启方式的容器设计成有两种开启方式的容器；能否去掉把手或提梁；能否将常见的瓶盖设计成其他的样式等等。不难看出，逆向思维实际上是一种与常规思维反其道而行之的思维方式，同时也是一种质疑的思维方式，具有普适性、新奇性、叛逆性等特点[①]。在包装设计中，尤其是在包装容器造型设计中，当常规思路“山重水复疑无路”或思维出现障碍时，可以考虑运用逆向思维从其对立方向去进行思考，质疑事物的正确性，这将有效地突破思维的枷锁和自我程式的束缚，彻底解放思想，从而产生与众不同的新思路和创意，出现“柳明花明又一村”的佳境。具体来看，逆向思维在包装容器造型设计中的表现，主要体现在以下三个方面：

① 汤义勇：《论图形设计中的逆向思维与创意表现》，《装饰》，2008年第12期。

一是基于包装容器本体功能的逆向设计，以实现容器造型的独特设计。包装容器造型设计的目的是以满足保护产品、方便储运、促进销售等为基本要求，同时是为了满足人们日益多变的生活需求。而使用功能容易在人们的使用习惯中形成一种固有观念。比如，一般的酒包装容器只能盛一种酒，这样的固有功能观念往往决定了容器的基本造型样式。随着人们生活方式的改变和审美趣味的多元化，所需要的是功能更加合理、新颖的包装容器。设计师应打破使用功能在人们头脑中所形成的固有观念，从而设计出功能独特、形式别致的包装容器造型。如图 4 - 7 所示的是可盛两种不同酒的酒壶，壶体分上下两层，具有两个不同注向的壶嘴，向右倾倒时注出上层的酒，向左倾倒时注出下层的酒。设计者在功能中注入新意，而且在造型上也讲究线型的对比、体量的对比，整体设计具有变化和节奏感。这件包装容器以其出色的功能和造型设计给人以新的启迪。值得注意的是，对包装功能的逆向设计，能以新奇制胜，但是必须要求功能合理得体，否则会因追求怪异而本末倒置。

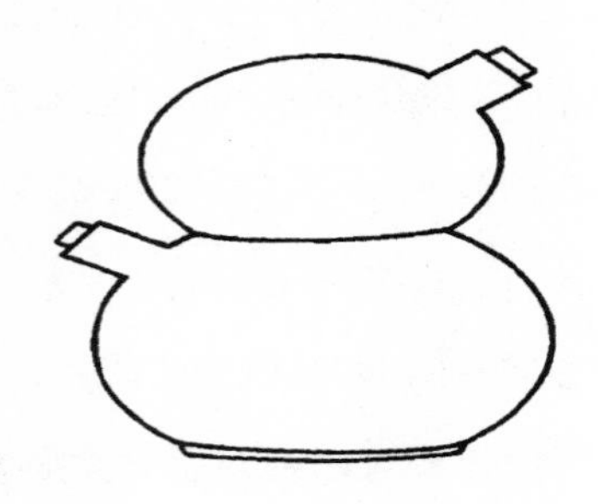

图 4 - 7　可盛两种不同酒的酒壶

二是包装容器造型的逆向设计。包装容器的造型是构成其审美的关键因素之一。造型是由线型和各部分的体量构成的，通常它们之间讲究对比协调，因此，包装造型设计师在进行逆向思维设计时，可以有意识地夸张某一部位或减弱某一部位，通过线型或体量的处理使容器造型突破常规而产生新意。对常规的包装容器造型的反向思维，其对立因素主要有正与反、顺与倒、上与下、进与退、首与尾等。在包装容器造型设计中，将造型中的形象“倒置”(即把人们常见的形象倒放)，会令人产生一种错觉，并不由自主地产生一种去纠正其错误的想法，即在感知中把倒置的形象再颠倒过来。如我们上文中所举的法国的 Piper Heidsieck Sauvage 桃红香槟酒包装的酒瓶设计，即是将酒瓶设计成倒置的形象；或将常规造型反向运行、构成顺序反向处理等等，均可刺激消费受众的视觉神经并使之产生兴奋感。据大量的研究资料表明，运用逆向思维的原理所进行的设计不仅能摆脱消极思维定势的束缚，打破容器造型的恒常性，形成强烈的视觉冲击力，而且还能提高消费受众的感知兴趣，延长感知时间，从而留下深刻的印象和记忆。

三是对包装容器上结构的逆向设计。我们知道，很大程度上容器的结构决定了其造型的样式。如法国“蓝色经典”香水包装的开启方式的设计，即运用了逆向思维的原理，通过侧边设计的按压装置，改变了人们一贯以盖部按压的开启方式。在这个开启结构改变的基础之上，该款香水的瓶体设计成了人手把握的形态，线条优美流畅，可以说是造就了一款造型新颖、结构巧妙的包装容器（图 4－8）。从这款包装容器的开启结构的处理，以及把手的线形构思，都可以看出包装设计师对容器造型设计的独到之处。

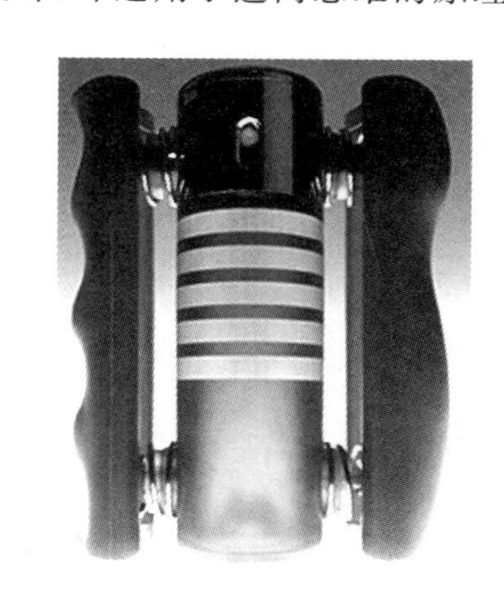

图 4－8　“蓝色经典”香水包装

通过对逆向思维在包装容器造型设计中的三个具体表现的阐述，我们不难发现，逆向思维是一种发现问题、解决问题的比较行之有效的思维方式，但逆向与顺向之间的关系也不是绝对的，一旦逆向思维成为一种思维定势，就有可能发生转化并成为新的思维枷锁。因此，在包装容器造型设计中，也要防止这种消极倾向的出现。

总之，在包装容器造型设计趋势的更迭中逆向思维起到了十分关键的作用。当人们在某种流行趋势的影响下，会使用与之相符的流行元素的包装产品，以满足自己的审美心理。但当这种风格泛滥之后，人们的求异心理会促使其反思，力图从相反的方面找出新的风格，从而创造新的流行。当奢华的包装容器造型设计风格达到极致之时，简约的风格就有可能成为人们的新宠，包装容器造型设计应以朴实的清爽感觉为导向，设计出简洁、明快的包装设计效果，并创造一种回归自然的流行趋势。

（三）中心发散思维

中心发散思维包括两个方面——发散思维与收敛思维。中心发散思维要求从一个中心出发，透过这一中心点从而得到线索运用到包装造型设计中。这一中心点则须以设计的主题或以产品要求为始端，继而或从不同的角度衍生出新的设想，或单向展开，以现有的知识和经验，寻求目标答案的推理性逻辑。接下来我们重点叙述发散思维与收敛思维。

1. 发散思维

所谓发散思维是指在解决问题的思考过程中，不拘泥于一点或一条线索，而是根据现有的信息呈发射状尽可能扩散开去思考，其思维形式不受已经确定的形式、规则、范围等条

件约束,并从这种辐射式的思考中,获得多种不同的解决办法,衍生出不同的结果[①]。换而言之,也即是根据一定的条件,对问题寻求各种不同的、独特的解决方法的思维,具有开放性和开拓性。其特征是从多方面进行思考,突破常规、多向开拓;同时,将各方面的知识加以综合运用,举一反三、触类旁通。一般而言,发散思维包括联想、侧向思维等非逻辑思维形式。这种思维方式被认为是一种具有创造性的思维。正如美国学者基尔福特所说:"正是在发散思维中,我们看到了创造性思维的最明显的标志。在设计构思阶段,发散思维往往能激发无数令人称绝的火花。"通过对已有的包装容器设计作品的研究,我们发现对发散思维的运用大多从以下几条线索出发:

① 王丽娜,李树君:《解构艺术设计中的发散思维与集成思维》,《艺术与设计(理论)》,2009年第1期。

(1)以客观事物为线索的思维发散

人类最早的设计作品都是来自于对客观事物忠实的模仿,这在我们上文中已有所论及。与早期人类的创造不同的是,现代设计师们已不再满足于简单的对外形的模仿。他们通过发散思维,从自然存在的形、色、音入手,并找到其感受最深的特点,再进行进一步的提取与符号化,使之上升为艺术化的设计元素。通过对这些设计元素进行各种形式的排列组合,达到设计师所要表达的设计效果。例如图4-9所示的这一款日本的"equilir"化妆品的包装容器造型,其几何图形的构思以及注重细节,遵循极少主义的艺术风格,圆锥形瓶子的底部为圆形,瓶上环绕一围浅浅的划痕。不仅携带方便,还能让使用者体味到一种韵律感。外包装的三步骤开启装置,传达出这款精油的品质与珍贵。

图 4－9 “equilir”化妆品包装

(2)以设计师主观情感为线索的思维发散

设计师的主观情感主要有两个方面，一方面来自于设计师对其他艺术形式的吸收。如设计师对建筑、戏剧、绘画、舞蹈、音乐等其他艺术形式的重新处理，并形成新的造型。对这些相近的艺术形式可以用类比的方式加以诱导，使包装容器设计在创作的过程中受到更多更好的提示，从而增强艺术思维在包装设计中的效果。例如日本龟甲万株式会社生产的“驹子”烧酒的包装瓶(图 4－10)就是发散思维的典型体现。“驹子”烧酒的曲线瓶型设计充满了弹性的动感，有一种流线之美，使人联想到女性柔美的动态身段，雅致的曲线轮廓凸显了其独有的味道，展现出与众不同的视觉效果，让人过目不忘。体态婀娜的驹子酒简朴与极致的造型感体现了日本人简朴、单纯、自然的佛教禅宗信仰，并且喜爱非完整、非规则的审美特点。另一方面也是我们极力提倡的——从本国民族文化出发的思维发散。民族文化作为一种传统观念，必然渗入每一个国民的血脉之中。设计师们在创作设计作品之时也会在一定程度上受到影响。例如中国酒鬼酒的容器造型就是这种观念的典型体现。酒鬼酒包装容器以中国农村的“麻布袋”为创作源泉，充满了浓郁的中国农村乡土气息，并有一种雅俗共赏的美，使人耳目一新，更能让中国的消费者接受与喜欢(图 4－11)。

图 4－10 “驹子”烧酒包装

图 4－11 “酒鬼”酒包装

2. 收敛思维

收敛思维是单向展开的思维，又称为求同思维，是以某一思考对象为中心，利用已有的知识和经验为引导，从不同角度、不同方向寻求目标答案的一种推理性逻辑思维形式。使我们在极为广阔的空间里寻找解决问题的种种假设和方案，正确的结论只有经过逐个的鉴别、求证和筛选后才能得出。这种发散后的集中，求异以后的求同，需要依靠聚合思

图 4－12　饮料瓶

维的收敛性。例如我们在进行饮料的瓶型设计时，设计初期先进行思维扩散，根据饮料的品种、企业的特点对瓶子的造型进行多方案的单图设计，然后根据该品牌自身的特点对方案进行有针对性的选择，确定两到三个方案，再对这几个方案进行再设计，深化设计方案，然后选择最适合的设计确定最后的方案。在确定最后的方案以后，设计师还要根据材料的特征、硬件的限制等条件修改方案（图 4－12）。这种依靠聚合思维设计出来的包装容器，不仅解决了包装功能上的问题，同时因为其多角度的考虑，使得容器造型的外观装饰等诸多综合元素，与其人性化设计融为一体。收敛思维的过程不能一次完成，往往按照“发散—集中—再发散—再集中”的互相转化的方式进行。这种循环的设计思维保证了包装容器造型在设计的过程中，合理地综合各个方面的元素，达到包装设计师预想的效果。

三、包装容器造型设计思维的基本过程与方法

包装容器造型设计思维的基本过程与方法是设计师对设计思维的具体实践。为什么不同的设计师的创作过程有快有慢，更有些刚刚进入设计行业的设计师们对于设计灵感的寻求是模糊而不清晰的？为什么有些设计师觉得设计是痛苦的？这些问题与他们没有一个清晰而明确的目标存在一定的关系。对于包装容器造型设计思维的基本过程与方法的探讨，就是为了在设计思维这一抽象的过程中能在客观思路上更加明确一些。

包装容器造型设计思维其实需要设计师通过对各种知识、资料的整理，再结合自身的阅历及设计经验，通过一系列的复杂而曲折的心理活动孕育出来的。为了使这一过程更加清晰，我们将其划分为四个阶段：(1)原始资料的收集与整理阶段；(2)设计思考阶段；(3)实际产生包装设计创意阶段；(4)发展、评估创意阶段。

1. 原始资料的收集与整理阶段

包装容器造型设计需要拟定设计目标，这个目标可能来自于产品厂家或者设计师自己预设的目标。有了设计目标之后设计师则需要收集原始资料，如产品背景、同类产品的设计成果、产品公司的要求等有可能对设计作品带来灵感触发的资料。当庞杂的资料收集到一定程度的时候，便需要对其进行整理、分类，剔除无用的资料。我们可以这样说，这一阶段是设计课题的触发阶段，它需要大量的资料对包装设计课题进行刺激，以便激活长期以来孕育于包装设计师心中的

生活沉淀，让设计师们想办法把自己内在的表现欲望用艺术形式表现出来。具体来看，包装容器造型设计资料信息的收集与整理要坚持以下原则和方法[①]：

(1)信息收集的原则

第一，目的性和针对性。围绕目的进行搜索或针对相关信息去收集，这样可以更有针对性，更能提高设计过程中的工作效率。

第二，真实性和准确性。信息是进行容器造型设计决策时的依据，不准确的情报常常会导致整个设计方向的偏离，从而造成整体方案的失败，因此，必须要准确地收集相关信息。

第三，相关性和适宜性。对于收集到的各种与设计课题相关的信息资料，要经过有序归类和系统分析，剔除那些无用或者信息量不大的资料。

(2)设计调研的方法

首先，以商品为中心的调研。产品成为商品后，就具有了商业属性，因而就具有一定的商品系统关系。有造型、色彩、外观设计、文化、材料、加工工艺等涉及产品本身的信息，同时还有诸如消费环境、价格价值、营销模式、售后服务等外部的信息。作为包装设计师，应对这些内容进行充分的调研。

其次，以消费受众(也即用户)为中心的调研。我们知道，影响消费者购买行为的因素除了经济条件外，还有诸如价值观念、对商品的认识程度、文化程度、人文因素、消费心理等因素。因此，在调研过程中，要着重对消费大众(包括现

① 可参读由福建美术出版社出版的赵剑清的《产品设计教学解码》一书，该书从产品设计角度讲述了设计思维和设计方法，有一定的借鉴作用。

有消费者和潜在消费者)的购买能力、购买动机、购买习惯、购买群体的分布情况等内容进行调查。

再次,以容器生产技术为中心的调研。在包装容器新造型的开发中,其生产技术是一个关键的部分,其中包括设计团队开发能力(设计管理水平、造型设计能力、设计师素质等)、市场生产能力、新技术、新观念以及材料种类与成本等,都是我们在容器造型设计前必须要调查的内容。

2. 设计思考阶段

设计思考阶段更多的是要求设计师在资料收集与整理的基础上对其进行设计思维角度的审视。这一阶段很大程度上决定了包装容器造型设计的走向。需要设计师根据相关资料的引导结合自身的设计经验及其他素养,并找到一两个设计要点以供下一个创意阶段深入下去。设计思考阶段便是设计师深思熟虑,让许多重要的事物在无意识的情况下去作综合的一个阶段。

3. 设计创意阶段

包装容器设计的创意阶段是容器成型的重要一步,并在很大程度上决定着包装设计的成功与否。实际上,这也是展开设计阶段,主要是在前期调研和思考定位的基础上所进行的一步工作。这一阶段,设计者快速地设计和表现各种关于容器造型的创意方案,即开始拟订初期设计方案。这个阶段最能体现造型设计师的创造性思维和能力,其中还涉及设计师对容器造型款式未来趋势的预测等,有利于开发新的包装容器造型。

不过,要指出的是,这一阶段要求设计师在艺术创作中对主题进行提炼。设计师应根据课题的要求，把自己对生活的体验进行提炼和构思。在进行设计方案的筛选时，我们必须依据设计课题的要求来审视，并尝试用形象来表现，用草图的形式生动地再现课题的要求。这种草图的表现形式就是设计师设计思维的视觉表现。

一般而言，在创意初期，草图多是使用钢笔、铅笔或签字笔等便利工具快速表达设计想法，不求细致、完美的描绘，只求轮廓清晰、明确。但为了充分表达设计师的构想，就要做到发散思维的设计过程，从各个侧面绘制大量的设计草图。草图分为概念性草图、样式草图和精细草图三种。概念性草图仅仅做到轮廓大致分明、主体表现清晰即可。样式草图是在概念性草图中选择发展而来的，对重要的部分细节细化处理，对具有创新性的部分作强调表现。精细草图是对样式草图的进一步优化，基本上是按照正确的比例、透视、色彩制作较精细的草图。本阶段无需过分强调设计的规范和客户的要求，这样才能使设计师摆脱各种束缚，凭借自身能力构思大量的草图方案，为以后质的飞跃奠定量的积累基础。

4. 发展、评估创意，使之能够实际运用阶段

此阶段是指包装容器设计思维在实践过程中的运用。设计师的设计思维在这一阶段仍然有着重要的指导作用，它使得包装容器造型设计的主题逐渐形成并且深化明晰。也就是说包装设计形象在创意开始时是模糊的、游移的，随着包装容器造型设计的深入和修改，容器造型形象慢慢明朗、丰富，最后确定下来。这一阶段主要包括深化设计、定案设计以及实际运用等三个阶段。

深化设计阶段必须处理和解决好两个方面的问题：一方面，在深入探讨设计理念与造型设计草图是否一致的基础上，从创意、功能性、艺术性、文化性、审美性等层面对初步设计的草图进行筛选，从众多的造型设计方案中选出具有代表性的草图。这一过程通常是由主创设计师在会议上对每个草图方案的利弊、独特之处进行阐述，然后由各方面人员与委托客户共同讨论、分析，可以利用录像、幻灯等方式进行，图文并茂，综合对各方案比较评估，其中主要对市场需求、实用价值、可行性、造型美观、开发成本等因素进行比较评估，从而选出最优方案，并提出需要修改补充的地方。另一方面，对中选的方案进行深化设计，做概略的效果图。这一阶段设计人员在与其他职员的意见综合、合作的基础上对设计方案完善深化，对色彩进一步改进，并对细部做正式的设计。

定案阶段主要包括详细的造型设计效果图和三视图表现。造型设计效果图要做到用准确的表现技法完整地表现设计作品的外观和立体空间效果，按照其表现内容的不同分为外观表现图、爆炸表现图和剖面表现图三类。外观表现图能够准确地表现外观和立体效果。爆炸表现图是指表现各个部分之间连接、旋转的效果图。图中要详细表明各个部分之间的关系、位置、形状、材料等，适当的时候要用虚线或浅色的轮廓表现不同的位置关系。剖面表现图是为了显示某些部分内部状态的示意图，与机械制图中的剖面表现要求一样，一般与外观表现图或爆炸表现图结合使用，使其更加精确、严谨。三视图是使容器正式投产的标准，为了实现其标准化，应当按照国标进行精确绘制。设计效果图一般与三视图配合使用，才能保证设计的精度。

实际运用阶段一般包括试制和正式投产两个部分。在这个过程中，设计思维依然贯穿其中，但是设计师不再占据主导地位。样品的试制主要是为了鉴定包装容器造型的加工工艺、技术、基本功能等各方面的可行性及价格的合理性等，并做最后的测试修改，使其在造型、色彩上与环境及流行趋势吻合。而正式投产则是将最终确定的包装容器做批量标准生产，并导入市场。当然，要注意的是，设计成果最终投入生产并非意味着设计思维或者设计过程的结束，虽然在设计的各个阶段已经对材质、生产环节等做了比较全面的预测，但有时也不能完全保证没有问题的出现。这就要求在推行设计的过程中正确地认识问题，研究导致问题产生的可能因素，重新对前期的设计程序进行探讨、修正。不难看出，这实际上是设计思维的又一次运用。

包装容器造型设计思维是包装容器造型设计创作的重要阶段，它在很大程度上影响着包装设计实践能否顺利进行，同时也决定着包装设计最后完成的造型视觉效果以及设计整体成功与否。上述的三种思维形式和类别以及六种思维实践方法，包装设计师要依据实际的设计目标和设计条件，运用不同的思维形式，结合分析和综合的手段，完成设计构思。包装容器造型设计虽然从属于产品设计体系，但同时它又具有自身的工艺特征和功能需求，在设计创意、艺术形象地位、材料结构选取、包装造型语言表达等设计环节中，包装容器造型设计要考虑到包装的方便储运、利于销售等特

点，所以采用的设计思维与方法要密切联系造型设计自身的属性和特征，同时也区别于其他的设计思维模式。包装容器造型设计思维的展开要结合各种思维形式和方法的优点，秉承着科学、缜密、严谨的设计态度，合理掌握并运用设计思维的综合性和互补性特点，卓有成效地完成包装容器造型设计的课题要求。

第五章 包装容器造型的虚实空间及美学意蕴

包装容器造型有内、外之分，俗称外部造型设计与内部结构设计。包装设计师通常根据商品包装的保护性、方便性、复用性、审美性等基本功能需求和生产实际需要，依据科学原理对包装容器的内、外结构进行具体设计，以使整个包装容器造型的虚实空间形态不仅悦目，而且也符合人体工程学的规律。

包装容器造型空间的构成因素作为造型语言的载体，传递各种信息的特殊符号。按照符号学原理，任何一种空间都具有特定的符号特征，这些符号作为一种特定的空间形态语言，它不仅仅是被物化的可视性形态，还是一种能指与所指、物质与精神的复合体。正如阿恩海姆所说的那样："每一件艺术品，也都能表达一定的内容。只不过它所表达的这个内容，还要受到它所履行的职能的制约罢了。"[①] 对于包装容器造型设计而言，其所要表达的"内容"无疑是"保护性"、"审美性"、"宜人性"、"展示性"等基本的包装属性。而这些属性在起到限制包装容器造型设计的同时，又必须通过容器造型的虚实空间形态来体现。因此，就这个角度看，包装容器虚实空间形态的构建在整个造型设计环节中占据着主导地位，因

① 鲁道夫·阿恩海姆:《艺术与视知觉》，中国社会科学出版社，1984 年，第 188 页。

为它不但肩负着体现包装实用功能属性的作用，而且也具有抒发个人情感，并传达出一定的形态意识内涵的功用。

虚实空间形态在包装容器造型中的相对多样性，应受到我们的充分重视。美国自然主义美学家乔治·桑塔耶纳(George Santayana)早在1896年就断言："美学上最显著最具有特色的问题是形态美问题"。[①] 所以，本章拟结合包装容器造型的经典案例，以形态美为切入点来探讨包装容器造型中的虚实空间的美学特质，以及人的审美意识在其中的体现与塑造。

① 何怀硕：《苦涩的美感艺术论》，中国社会科学出版社，1982年，第44页。

一、包装容器造型的虚实空间及相关概念

包装容器造型的空间，是综合了多种形态要素并按照一定的构成方式组合而成的。首先，它是一个空间体的概念，具有空间体的形态特征（如围合、界定、比例等）；其次，包装容器造型的空间既是被物化的可视性形态，又是与人类社会生产、生活的活动紧密相连的载体，更为重要的是，它还是包装容器的各种功能、要素之间关系的一种载体。[②] 另外，它与现代空间设计艺术一样呈现多种形态，既有内部空间也有外部空间，既有固定空间也有可变空间（活动空间），既有实空间又有虚空间。一般说来，包装容器造型的空间有虚、实之分。实空间是占有长度、高度、厚度的三维空间，可以目视，甚至可以触摸，因而称为现实空间，或称积极空间，如图5-1阴影部分所示。在包装容器造型的空间中，实空间形态的塑造和构成，涉及材料学、工艺学、力学、美学等多种学科、多方要素。就这个意义上而言，在容器造型设计过程中，对于实

② 丁耀：《包装造型设计中的空间要素》，《南京工业职业技术学院学报》，2000年第1期。

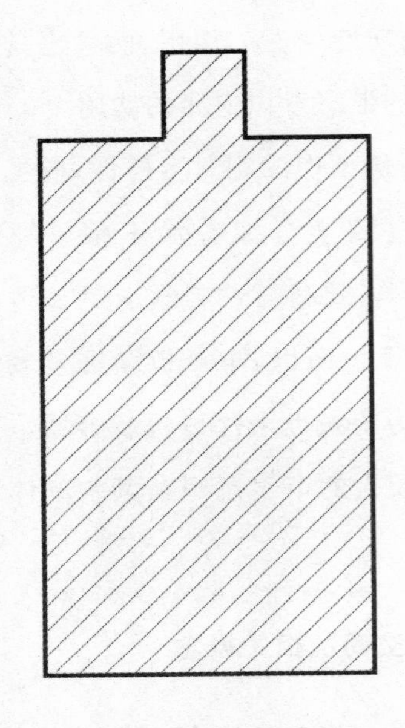
图 5－1　包装容器造型的实空间

空间的塑造，是一种艺术与科学技术相结合的相对复杂的活动。与实空间不同的是，虚空间则是一种消极的空间形态，没有材质、肌理、色彩等实体物质属性，但具有长度、高度、厚度等虚拟形态特征。换而言之，虚空间即是一种依据实空间的存在，而被消极感知的空场、空隙或空洞。

我们通过对包装容器造型的实空间的具体分析，认为虚空间有两种界定的方式：其一，对包装容器造型本身的实空间“外廓线”进行调整，将其放置于可变动的环境中，使其与周围事物所组成的空间具有可变性或活动性的空间，也被称为负空间，如图 5－2 左阴影部分所示；其二，是指包装容器造型本身与产品所占据的实空间的差值，亦称虚空间，它具有一定的容纳、支撑和缓冲等功效，如图 5－2 右阴影部分所示。

基于对上述虚实空间概念的定义及阐述，我们认为包装容器造型空间形态的典型特点主要体现在以下几个方面：

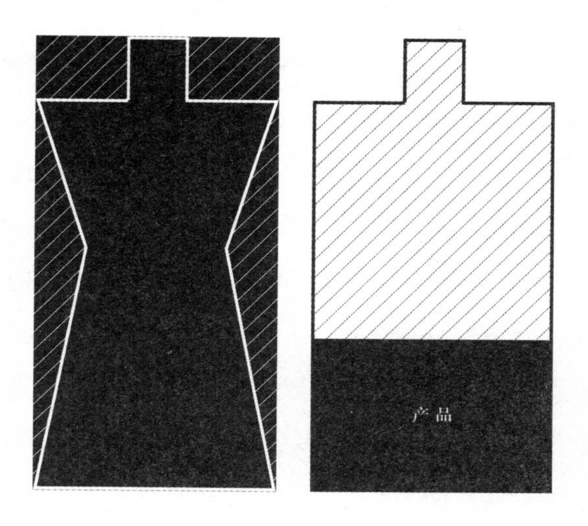

图 5-2　包装造型结构的虚空间

首先，虚实空间具有相互依存的关系。在包装容器造型的空间关系中，虚空间与实空间各自特征的保持都是互为依据的，如果在两者之中任何一方的特征发生了改变，必然会导致另一方的特征也随之相应地改变。因此，我们认为在包装容器造型空间中，不能将虚空间简单地理解为空、无，而应该将其理解为一种“被弱化了的知觉状态”。这种被弱化了的知觉由虚空间构成，其在整体空间关系中，具有限定和影响视觉心理的“力之场所”的作用。

其次，虚实关系的多元性与层次性。在包装容器造型空间的系统中，形状、位置、体积、动势等各种要素，都对虚实关系造成直接或间接的影响。与此同时，这些要素也为构成虚实空间系统特征的多样性、多层性、丰富性和生动性提供了无限的机遇。我们知道，在包装容器造型设计的过程中，可以通过任何一种要素的感知度来实现它在空间系统中的感觉“实”;也可以通过淡化任何一种要素的感知度,使其在空间系统中传达出“虚”的感觉。还可以在强化多种要素的知觉度的同时,使其在容器造型空间系统中的多个部分形成不同特征、不同程度的“实”;也可以同时弱化多种要素的知觉度,使其在容器造型空间系统中的多个部分形成不同特征、不同程度的“虚”。由此,我们不难看出,在容器造型设计中,调节虚实空间的灵活性比较大,对于虚实关系的处理,既可以单纯、简明,也可以丰富且多层。

再次,虚实空间关系具有一定的相对性与不稳定性。我们对包装容器造型虚实空间的认知,在一定的条件下,随着心理关注程度的变化,人们对包装容器造型空间系统的或虚或实的认知会出现“虚实反转”现象。譬如,一件透明的空包装容器玻璃器皿,在一般的认知习惯中,我们会将包装容器玻璃器皿部分理解为实,而将器皿以内的空间理解为虚。实际上,我们如果从功用的角度来审视此件包装玻璃器皿,不难发现,其器皿以内的虚体空间是具有积极意义的,也即体现了包装盛装功能的实际空间。而构成玻璃器皿实体的可视性形态,并不具备包装的盛装功用,因而属于从属地位,其“实”则为虚空间。因此,我们从功用的角度,可以将包装容器玻璃器皿的可视性物质形态理解为“虚”,而将物质形态内部的具备一定尺度的空间理解为“实”。如果我们在透明的玻璃器皿内盛满茶水,那么,在理解玻璃器皿与茶水的虚实关系的时候,我们的直觉就会显得更为暧昧,也将使虚实关系可互相反转的特点增加。在这种情况下,更容易将包装容器玻璃器皿以内理解为实，将包装容器玻璃器皿本身理解为虚。

二、包装容器造型虚实空间的审美体验

我们知道，包装容器造型虚实空间的美，首先着重需要研究的是包装容器造型内、外结构形态的构成本质以及审美规律。基于这方面的认知，其目的不仅是为了设计出合格的并具有功能性的包装容器造型，而且是为了塑造出合理的、美的包装容器造型的空间形态。对美的追求是人类高层次精神需求和高质量生活方式的一个重要标志。正如马克思所言：人们懂得按照一种类型的尺度与规格来进行生产，并懂得怎样处处都把内在的尺度运用到对象上去；因此，人也按照美的规律来建造。[①] 包装容器造型虚实空间的形态构造的主旨是深入挖掘美的规律，即在虚实空间的形态中，切合美的内在规律，对消费者的行为心理和感官体验进行深入挖掘。

人生活在感性的世界里，“体验”是人的一种原始需求和心灵本能。从信息传播的角度来看，虚实空间形态应该以衬托人的“体验”需求为目标，并通过其内、外结构形态的象征性，把抽象的概念、含义、感情等进行物化。如 2009 年世界之星获奖作品“归安德化”黑茶包装[②]（图 5－3），该包装容器造型与产品特点（圆形盒与黑茶饼外形）巧妙结合，给消费者带来原始、生态的精神体验。更为重要的是，设计师将我国传统文化中的经典符号——太极图应用在盒盖内、外结构的开启方式上，“S”形构图正好构成盒盖内虚、外实两个空间的

① 马克思：《1884 年经济学哲学手稿》，人民出版社，1979 年，第 97 页。

② 朱和平：《世界经典包装设计》，湖南大学出版社，2010 年，第 31 页。

半面，且旋转开启非常方便、安全。当消费者开启包装时，只

图 5-3　归安德化黑茶包装

需将盒盖一半外结构的实空间旋转后与另一半内结构的虚空间相互重合，这时内置于容器中的茶叶由此呈现，即可取出茶饼；当消费者闭合包装时，只需将盒盖一半外结构的实空间与另一半内结构的虚空间旋转对立，传统太极图形油然而生！这一开启方式不同于以往太极图形在平面设计中的应用，是我国传统图形在现代包装容器造型空间设计上的突破性应用。又如著名设计师黄炯青设计的双霸酒包装[①]（图 5-4），此包装容器的设计采用了两个可相互套合的陶质瓶体，并采用白黑两色来区分“天霸酒”和“地霸酒”。我们以“天霸酒”为研究对象，可以发现其虚空间与“地霸酒”的实空间拼合，形成我国传统图案中的太极图；同理，我们又以“地霸酒”为研究对象，其虚空间与“天霸酒”的实空间拼合，亦形成我国传统图案中的太极图，从而体现了“双霸”这一概念，又切合了“天地之和”的主题思想。此外，容器虚实成双成对，符合我国消费者的文化观念。该款双霸酒容器包装为

① 朱和平:《世界经典包装设计》，湖南大学出版社，2010 年，第 30 页。

一高档礼品包装，其包装容器的空间设计颇具特色，尤其是器与器之间虚实空间关系的巧妙处理，使其不仅获得消费受众的普遍欢迎，也得到业界的广泛认可。我们认为上述两款包装的成功，关键之处在于虚实空间的巧妙塑造使人的心灵得到升华。

另外，包装容器造型虚实空间的环境信息十分丰富，从而产生一定的主题精神意境。如我们所熟悉的折叠纸盒礼品包装（图 5－5），当消费者开启包装时，置于包装虚空间的小熊瞬间弹起，无疑能增强消费者的心理感受，并给消费者带来一定的乐趣和回味。但仅仅停留在感性认识阶段是不够的，只有通过形态语境的渲染才能使人产生移情作用，使虚实空间的形态与感情发生连锁反应，从而引起理性阶段的情感意境及语境内涵的体验，把感觉抽象上升到某种意境，并促使信息传播。

图 5－4　双霸酒包装

图 5－5　折叠纸盒礼品包装

包装容器造型虚实空间的精神体验通常需要从两个层面来予以实现：

首先，虚实空间的形态要表达过去的经验，将人类的生活经验客观地呈现出来。就实际应用角度来看，虚实空间的形态不仅要把某种生活经验表达出来，而且要使消费者能够充分地认识和理解这种表达。确切地说，就是把消费受众对包装容器造型虚实空间的种种体验和改造愿望加以客观化，使受众可以从这种形态上体验到一种美感。如图 5-6 所示的 2010 年伦敦国际广告奖包装设计类获奖作品，该包装为

图 5-6　十二生肖装饰性包装

折叠纸盒包装容器，当消费者用完产品时，可以将纸盒背面撕开，并按印制于背面的不同生肖造型的轮廓线进行“去虚无，剩实有”的镂空实践；镂空成型后的不同动物造型，可通过不同实空间的形态得以呈现。在产品包装设计中，这种构思形式，不仅让消费者在折叠过程中体会到参与设计的乐趣，而且包装被折叠成型之后，还具备一定的装饰性，因而改变了包装最终回归垃圾桶的常规属性。设计者将消费者参与设计的构思具体到了十二生肖的折叠设计中来，并通过双

面印刷的方式告知消费者该包装还具有装饰性的趣味用途。可以说该作品是将包装容器造型虚实空间的种种体验和创新设计加以客观化、具体化、视觉化的典型案例。

其次，虚实空间的形态要具有一定的传播意义，设计可以通过构建虚实空间的形态有意识地传播一种视觉信息。反之，在传播过程中，不管这些视觉信息能引起何种视觉反应，都必须具备一定的形态特征。就如格式塔心理学[①]所阐述的，视觉在作用于对象的时候有一种组织对象的能力，这种能力可以使眼睛在看似纷繁复杂、毫无秩序的现象面前，分辨出它们的相互关系和构成关系，把原来复杂无序的现象，整理为单纯、有序的知觉整体，使它从背景中清晰地分离出来，并使它具有完全独立于其他构成要素的独特性质。简单地说，人的视觉功能对于虚实空间形态所传达出的信息有一种过滤的作用，这种视觉过滤会传达给受众一种简单的、有序的、清晰的精神体验。

根据受众的这种视知觉特征，我们认为包装容器造型虚实空间的确立，尤其是作为知觉对象的造型形态，必须具备如下几方面的基本特征：

一方面，容器造型虚实空间的时代性。在人类社会发展的历史进程中，包装容器造型虚实空间的形态都体现出十分鲜明的时代特征。伴随着社会的向前发展，人类生产、生活的水平不断提高，在注重物质享受的同时，也尤为强调精神娱乐，所以，包装容器空间的构成形态从单一的、素朴的形式过渡到复杂的、注重审美的多样化形式。从传统手工业“精雕细琢、繁琐堆砌”的空间特征，到工业革命围绕机器和机器

① “格式塔心理学”(Cestalt psychology)，也称为“完形心理学”。格式塔心理学认为，任何“形”都是知觉进行了积极组织或建构的结果或功能，而视觉是人的知觉中最为重要的一部分。

生产的工业化特征，以及后现代风格中的情感化的倾向等，无不打上时代的烙印。如图 5-7 所示的清代宫廷包装容器[①]，该容器造型外结构虚实空间的变化主要通过侧棱（外廓线）得以呈现，即是两个主体面相邻组合形成的棱。通常，为了显示“精雕细琢、繁琐堆砌”的外结构形态，其两组外廓线都以圆角棱所构成的实空间为主，而且我们发现在众多清代宫廷包装造型结构上出现对棱的上、下端两个部位的内结构装饰变化，手法主要是采取纹样的雕饰，从而形成别致的托底虚空间。此包装容器造型的虚实空间以适合的设计手法营造出符合时代精神的场所氛围。

① 故宫博物院编：《清代宫廷包装艺术》，紫禁城出版社，2000 年，第 126 页。

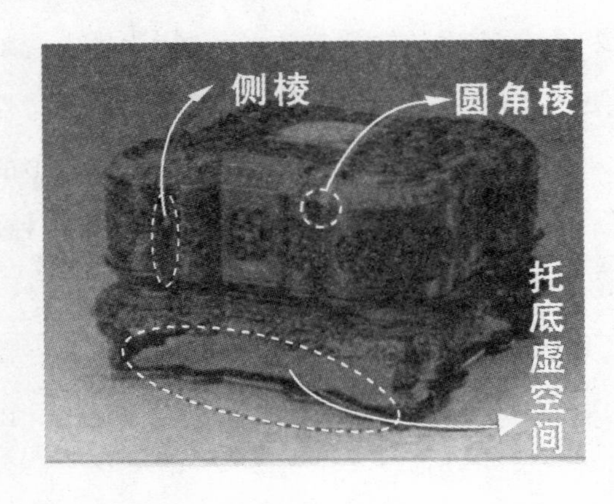

图 5-7 清代宫廷包装

另一方面，容器造型虚实空间的审美性。研究包装容器造型虚实空间的审美特征都离不开对人的研究，强调以人为主体，以及人的参与体验。在适用、坚固和美观三位一体的因素下，重点表现为寻求功能完善、结构先进和富有创新精神的空间氛围。包装容器造型虚实空间的审美性强调形式美感，它重点反映在形态美的审美属性上，如后文中所提到的通过改变包装容器造型实空间的“外廓线”，以达到统一、均衡、比例、尺度、韵律以及有序的虚空间形态，均是造型虚实空间审美属性形成的基础。此外，包装容器造型虚实空间的审美性还强调文脉性特征，这就要求我们将虚实空间的设计提高到对社会历史的研究、风土人情的探讨、艺术风格的体现、文化意识和美学价值的追求以及意境的创造等方面。如图 5－8 所示的由笔者设计的马王堆养生茶包装，其剖面的虚实空间，构成了湖南省博物馆的建筑造型。

图 5－8　马王堆养生茶包装

三、包装容器造型虚实空间的营造手法

虚实空间的形态语意要素包括材料、肌理、色彩等，它们是形成包装容器造型空间整体风格的关键，了解它们所包含的内容和营造手法，是进行包装造型与结构空间设计不容忽视的前提工作。通常，我们会选择某个载体作为设计的母体来实现虚实空间形态的语意营造。这些载体包括形态的比

拟、对比、节奏、夸张、变异、丰富、象征、暗示、隐喻等，但我们认为与个人情感因素的体验最为有关的是容器造型所具有的概括性、象征性和典型性的特点。具体营造手法有如下三种：

第一，借用某种形象原有的意义，这是一种较为直接的表达方法。如图 5－9 所示的啤酒包装，该包装的各种不同颜色的企鹅形象呈现给消费者。该包装以实的企鹅头部与身体的形象和虚的企鹅翅膀的形象组合成企鹅的整体形象。这个包装从某种意义上借助了企鹅给人的冰凉之感。作为整个包装创意的核心，也借用了把手位置的虚空间的作用，既在视觉上形成了翅膀的形象，又起到于手握的功能。

图 5－9　企鹅啤酒包装

第二，利用特定的形态符号进行语意营造。形态对虚实空间的主题表达起着关键性的作用，形态的造型常常反映着虚实空间环境的某种风格特征。利用这个特点在基本相似的空间中可以体现出完全不同的环境气氛。如图 5－10 所示，由于合理地调节了实空间外廓线的位置，从而使得置于外环境的虚空间所引起的人们的情感、意境及语意的内涵体验呈现出不同的特点(阴影部分为虚空间的形态)。就形态学原理来看,气氛庄重严肃的虚空间一般为正方形等规整的形态,而具有多种弧线形的虚空间则往往喻示了欢快和动感。

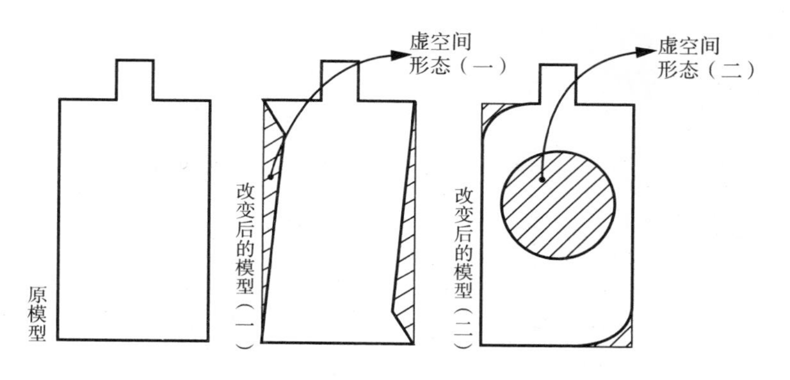

图 5-10　利用特定的形态符号进行语意营造

第三,利用内结构实空间符号进行语意营造。所谓空间符号,最常用的是符号学理论中的语意层面,该语意层面通过视觉作用传达出产品的功能美、情感美和意念美。因此,设计中应当有意识、有目的地重视其空间符号的设计。[①]而内结构实空间的符号在包装容器造型设计中主要是通过特定条件下虚空间的形态得以体现,从而使审美受众触景生情产生审美联想。从消费者的心理着手,抓住消费者的情感需求,以充满情感的背景气氛作用于虚实空间的设计制作之中,以情来感人,以情去动人。从众多设计实例中,我们不难发现,通过内结构实空间符号的合理营造,可以使虚空间形态语意在受众内心里产生某种共鸣。如图 5-11 所示的

① 高婷:《三位一体的空间设计艺术》,吉林大学硕士学位论文,2005 年,第 25 页。

NBA 明星卡通折叠纸盒容器包装，该折叠纸盒采用开窗式设计，内结构实空间的符号则是根据不同卡通明星人物尺寸的大小进行镂空后形成的展示托盘，其虚空间的形态语意在某种层面上传达出了该明星卡通是否是消费者所喜欢的，并以此来刺激消费者的购买欲望，从而达到销售产品的目的。

图 5-11　NBA 明星卡通包装

此外，包装容器虚实空间的营造还关涉到文化理念的体现问题。所谓文化理念是指设计师在进行空间的表达中运用文化语境进行空间形态的叙述。它是历史和现实所体现的设计资源和设计文化交流关系的体现。[1] 文化的创造既是在现实场景中创造，也是在历史和给定的文化情景中创造。无论是对传统的反叛还是对传统继承性的发展，都是在某种历史场所的基础上进行文化活动。因此，从某种意义上来

① 布洛克著，滕守尧译:《现代艺术哲学》，四川人民出版社，1998 年，第 23 页。

看，包装容器造型虚实空间的设计也是一种审美文化的创造性活动，也是由设计历史的创造性活动所给予的。设计师的文化创造和形态构造，在很大程度上依赖于对历史资源的选择和重新阐释。设计师在历史的形态语言和当代的文化情景的交流中，选择和创造性地把历史中的形态语言和美感类型，转换为新的设计语言，并赋予当代容器造型空间以更深厚的文化韵味。通过文化理念的运用可以形象化地体现历史进程中的物质世界和文化世界的秩序，可以给人们带来一个富有理性和秩序的美感世界。

从审美的角度看，具有一定文化内涵的包装容器造型虚实空间的设计集形式的情感性和内涵的丰富性为一体，是一种具有审美性和文化性的可解读的东西。这不仅仅是由设计师的个人创造性和审美趣味所决定的，同时也是由设计师所处的整体社会历史环境和审美文化环境综合决定的。正如任何人都不能超越自己的社会历史时代和文化传统背景而存在一样，设计也只能是在特定的社会历史环境和文化的审美语境中进行创造性的活动。因此，我们认为包装容器造型虚实空间设计并非是一种单纯的美学逻辑和传统的线性逻辑的发展以及历史性的简单延伸，而是在很大程度上受到文化理念的影响。就如现代功能主义空间设计理念：现代功能主义空间设计理论是以现代化进程中的标准化的美的原则来作为设计理念的，这种设计理念适用于大机器生产和不断变化的市场结构模式。在现代设计进程中，物质增长和技术进步被作为一种起着极为重要作用的因素来表现，它将在物质化的历史进程中适应时代的美学精神变成物质性的实体，从而赋予经济以美学的因素。其中经济性的原则、理性主义的逻辑和功能主义的目标是其理论的核心。[①]

① 朱雷著:《空间操作——现代建筑空间设计及教学研究的基础与反思》，东南大学出版社，2010年，第156页。

随着现代化物质文化进程的发展，包装容器造型虚实空间对文化理念的体现也越来越丰富。它要求设计创意富有传统与历史的文化、地域风格的文化、民主性的文化、生活的文化、个性化文化等多元化的美学需求。设计理念也随之出现了多元化的变化，并且展现出比以往任何时候都更为丰富的特征。

包装容器造型虚实空间的设计对文化理念的利用应当善于抓住现代生活中人们的文化需求和审美需要，以调整自己的设计方向，并确立设计的新观念。可以在当代文化情景中努力去寻找人们的文化倾向和文化诉求，研究出现代生活的碎片体验和价值；可以寻求一种空间美学的新方式，通过新的方式组合新的设计形态和结构；可以培养设计师多方面的知识，不断拓展自己的思想深度，在丰富的设计文化视野中与整个世界和社会的设计文化建立更为广泛的联系，并在这种文化的语境中寻找适合容器造型虚实空间设计的形态语言和表达设计文化的元素与方式。如图5-12所示的端午节龙舟粽容器包装与图5-13所示的泸州老窖岁岁团圆礼盒容器包装，在其文化内涵的体现上也可谓独具匠心。

赛龙舟是端午节的一项重要活动，在我国南方十分流行，它最早是古越族人祭水神或龙神的一种祭祀活动，其起源可追溯至原始社会末期。现已被列入国家级非物质文化遗产名录，并成为2010年广州亚运会正式比赛项目。粤籍设计师梁胜正是在深刻理解端午赛龙舟文化背景的前提下，对其空间的虚实功能进行合理的调配，才使得龙舟粽的包装设计具有极高的文化性特征，创出了真正的中国特色。

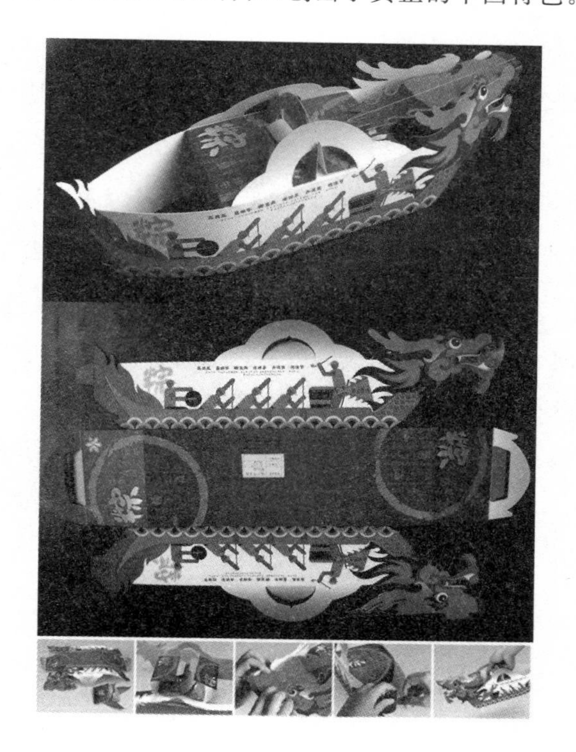

图 5 - 12　龙舟粽包装

该外包装折叠纸盒容器以龙舟船为设计元素，设计师根据印制的龙舟船图形进行“去虚无，剩实有”式裁切，“一纸成型”后，其实空间形态即为立体龙舟造型，切合了传统文化，与消费受众的文化诉求相吻合，因而一定程度上提升了产品的文化内涵。另外，外包装以“插入式”的手提结构，不使用任何胶水粘贴，既节省了原料，也便于开启，使产品、外包装、使用者及环境建立起一种和谐便利的共生关系。最后，内包装采用多片箬叶进行包裹捆扎，不但使内包装自然又生态环保，而且体现出了传统粽子包装的特点。值得称道的是，该件外包装虚实空间的便利转化可使产品在运输过程中最大化地节约运输空间和成本。

总之，该件包装设计作品的内、外包装均以营造合理的虚实空间形态为目的，采用生态环保的，带有传统民俗文化特点的箬叶捆扎形式，在很大程度上达到了绿色浪潮下包装的产品带动减量化的目的。从这件龙舟粽包装容器不难看出，其工艺程序的减少和材料的复合使用，减少了运输的重量、空间，减少了制作的成本以及运输的费用，堪称一件优秀的减量化设计案例。

再如著名设计师张爱华创作的泸州老窖岁岁团圆礼盒

图 5－13　泸州老窖岁岁团圆礼盒容器包装

包装容器，其定位是面向商务人士的高端市场，包装以“团圆”为主题，希望通过祥和、平安、团聚、共享盛世的氛围向消费者传达我国传统的团圆文化,使消费者在品酒的过程中,上升至品味亲情、友情,品味团圆、幸福,品味人生以及品味成功所带来的喜悦。

在包装容器造型空间的设计上,岁岁团圆酒利用"圆"的概念,巧妙地通过四个棱角圆润的三角形瓶拼接,构成一幅完美"圆"的形状。"圆"的组合空间结构的成功开发,打破了市场上现有瓶形的设计模式,设计师将盒形实空间的中部镂空,使三角形瓶形置于镂空的虚空间内。四个瓶体既独立又连接一体的三角形瓶体,通过围合又可组成一个正方形瓶体;方形瓶体展开后其外部虚空间的形态使三角形瓶获得了极佳的展示效果,显得大气延绵。该件包装盒,通过巧用虚实空间,使盒形与瓶形组合成外方内圆的造型,结构巧妙,形式新颖,在礼盒容器造型空间的设计开发中具有一定的可借鉴性。

除了巧妙地利用了虚实空间原理来设计该款包装容器造型外,其获得业内人士和消费受众广泛认可的重要原因是,在包装风格的体现上,以传统化、民族化、大气化、情感化为特征,通过独特的容器造型空间、喜庆的颜色和富有民族风味的图案向消费者传递团圆、美满的文化气息,将一种中国人所认可的"文脉"较好地体现了出来。该款包装于2005年在捷克首都布拉格荣获"世界之星2005"(World Star 2005)包装奖。

四、包装容器造型空间的虚实形态美的体现

对于一件优秀的包装容器设计作品,除必须强调外部形态的设计外,其与包装的保护、储存、方便使用十分密切的内

部结构的设计也是十分关键的。而在内部结构的设计中，形态线作为主要的设计表现语言，直接关系到内部结构形态的美感表达。因此，在某种程度来看，内部形态的和谐与否，是必须重视的。设计师应从中协调，使人们在视觉心理中产生美的联想，才能最终完成整体空间美的塑造。形态的空间美最终需在人的综合感应下形成整体关系的和谐美。格式塔心理学认为：整体的概念不是整体各部分简单的相加，是一种依赖关系而形成的完形结构。包装造型结构虚实空间因功能与审美需求的多元化形成了整体和谐而又丰富多变的特点。

从包装容器造型虚实空间的概念可知，空间形态包含实形态与虚形态两大方面，而受众对这两方面的感受是有所区别的。相比之下，实形态的视觉表象是处于静止状态的；而虚形态的视觉表象则是动态的，含有时间因素，而且注重的性质也不同。对于实形态，受众感知的是其外表的“形”；对于虚形态，受众的感知往往侧重于实所造出的“态”。因此，包装容器造型的空间虚实形态美的体现，实际上是受众对其造型视觉表象审美后的感受。设计师通过调整实空间外廓线的位置来限定“形”，这会在视觉方向及角度不同的情况下变化出多样的虚空间，产生心理上有所存在并感知的势“态”，即静动感。静动感在包装容器造型空间设计中通常以均齐共体、均衡异体两种平衡形式最为常见。[①]我们现取以上两种典型的平衡形式，对其在包装容器造型方面虚实空间的形态美的体现进行探析。

1. 均齐共体、稳定大方

所谓均齐共体是指由四个以上的平面，以边界直线为连

① 朱和平：《容器造型结构表现技法》，合肥工业大学出版社，2006年，第42页。

接点，并相互衔接所构成的封闭性质的包装空间实体。该种形体通过限定实空间的“形”来达到以静态感觉为主导的平衡，从而具有明显的轴对称结构的平衡形式，如正三角锥体、正立方体、长方体、正圆球、正圆柱和其他由正几何平面所构成的包装容器造型结构体。相比其他的异形体，这些显得规整的几何形，最为典型的特征是“均齐”、“镜像反映”的轴对称结构。换而言之，也即在设计师调整中轴线两侧外廓线的过程中，虚空间形态的分布呈现出严格的既等量又等形的“均齐”结构。由于均齐共体的轴对称结构具有强烈的聚合力及稳定性，所以在包装容器造型中采用这种平衡形式，有助于消费者的视觉辨认，给受众以安静、庄重、大方、严谨、稳重、朴素之感，某种程度上可以符合特定受众的视觉习惯和审美诉求。但如果在包装容器造型中大量使用这种造型体态的话，势必会造成整体形态的单调与呆板，从而影响包装的货架效应。为解决此问题，设计师往往以中轴线为基点，通过调整实空间外廓线的位置和式样，使虚空间的形态比重发生某种程度的改变，并呈现出基本等量的形式，这样既有助于保持包装造型结构整体上的协调呼应，又因形态的局部变化打破了过于严肃的单调形态，而增添了包装在视觉审美上的轻松、活泼之感，使包装容器造型的细节更为丰富。

如图 5－14 所示的系列包装容器造型以最左方的长方体为基本模型，并以中轴线为参照物，通过适当地调节实空间外廓线的位置，使虚空间的形态比重发生变化（空白区域为实空间，阴影区域为虚空间），这一方面与原有造型空间结构“均齐”的基本特征相吻合，另一方面由于包装容器造型局部虚空间形态的变化，又使整个空间呈现强弱对比的动感美，给受众不尽相同的审美感受。

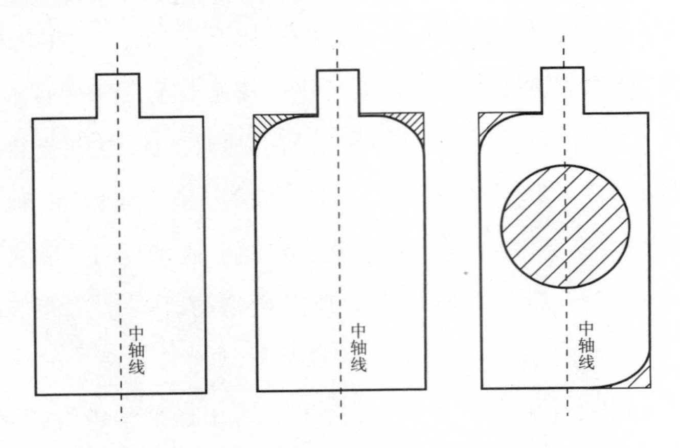

图 5－14　均齐共体的平衡形式

又如图 5－15 所示，此剑南春酒包装容器造型的空间设计采用均齐共体的平衡形式，设计师以木质外包装盒的中轴线为研究对象，一方面采用形体透空的技法合理控制木质外包装盒的外廓线，使其虚空间与酒瓶实空间达到较好的结合；另一方面，则以中国古建筑和家具上的榫卯结构为设计

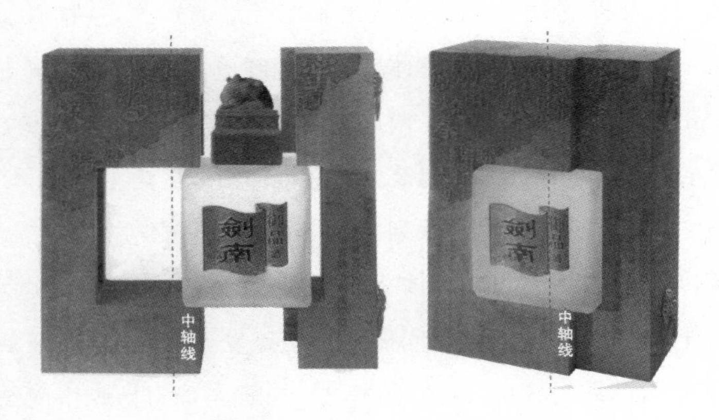

图 5－15　剑南春酒包装

灵感，将精美的似“玉玺”的酒容器镶嵌在木质的外包装盒中，形成“玉玺”为实、为口，“圣旨”为虚、为托的视觉形态，可以说其合理的开启结构加之瓶身上所书的“剑南御品”几个带隶书意味的繁体书法字，很好地将皇家典范藏于其中，完美地彰显了此剑南春酒的尊贵品质。再如图 5－16 所示，宝

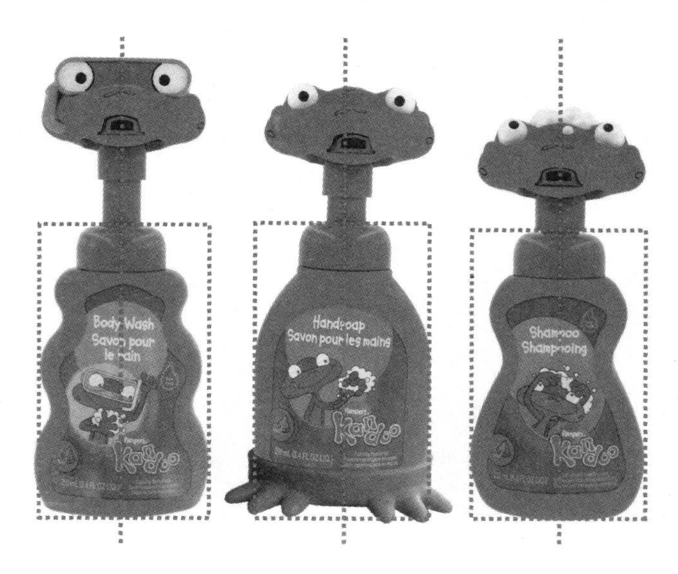

图 5－16　宝洁 kandoo 儿童个人护理用品包装

洁 kandoo 儿童个人护理用品系列包装，其容器造型采用生动、可爱的卡通形象，在试图博取儿童类受众的喜爱的同时，教会孩子们如何形成良好的生活习惯。该系列产品包括洗手液、沐浴露和洗发香波，设计师均以模仿“青蛙”的轴对称的造型结构为基点，只改变各个蛙（瓶）身实空间的外廓线的位置（红虚线框所示），以使蛙身的虚空间呈现出多样的等量形态，生成不同的蛙身造型，以期便于孩子们从视觉上识别和区分不同性质的产品。此外，为了增强包装的趣味性，设

计师还在青蛙头部添加了许多有趣的细节设计。按照人类的行为习惯可知，孩子们在使用此包装时，其动作流程大概为：挤→取→用。如果依照我们在上文中所界定的第二类虚实空间的角度去看的话，这个动作流程可理解为：孩子们用手挤压包装实体时，其结构本身与产品占据实空间的差值——虚空间体积缩小，空气迫使产品顺畅流出，以便孩子们在顺利使用产品的过程中，感到快乐。这种实用的解决方案不仅便于孩子们用手去压，而且使原本单调的使用过程变得富有趣味。

从上文的论述中，我们不难看出，均齐共体实际上是设计师根据实空间外廓线的“形”使虚空间呈现等量分布的形态特征。从上文中的分析来看，如果要打破均齐共体形态所带来的单调与呆板，可以通过适当地调整虚空间的形态比重，来使包装容器造型空间在呈现出整体的集中统一与稳定的视觉感受时，感知到局部变化的多样所带来的轻松与活泼。均齐共体的包装容器造型有着宁静、稳重、含蓄、大方的典型特征，这类容器造型一般较适合用于成熟群体的消费产品，能够给受众以低调、沉着、稳重的体验。

2. 均衡异体、生动活泼

所谓均衡异体是指在均齐共体的基础上由多个异面形相互衔接而构成的封闭性质的包装容器造型体。一般而言，这种形体通过调整实空间外廓线的“形”，产生既有动感又不失平衡的形态，即“均衡”。与均齐共体以中轴线为参照所进行的形态更造不同，均衡异体的典型特征是采用自由的异面形态并从中寻求平衡，主要以调整异面形的两侧实空间的外廓线，来使虚空间形态呈现出非严格的等量分布，并且表现为不等形的平衡关系，从而致使容器造型形成一种视觉动势。

如图 5－17 所示，在以左起的首个异形体为基本型的基础上，改变其实空间的外廓线的位置和式样，使其后两个包装容器造型的“均衡”形态弱化了轴对称的束缚，从而使虚实空间所占有的体积比重相对变小，而形成一种更为自由的运动形式。从左起第二、第三个图形中，我们不难发现，变化后的形态与基本型的反差较大，运动感和式样更为强烈。因此，与“均齐”那种以明确轴对称结构所形成的那种集中统一的特征及其所产生的静态感觉相比，“均衡”的形式显得更为理智、明快和优雅，并具有十分明显的运动感。

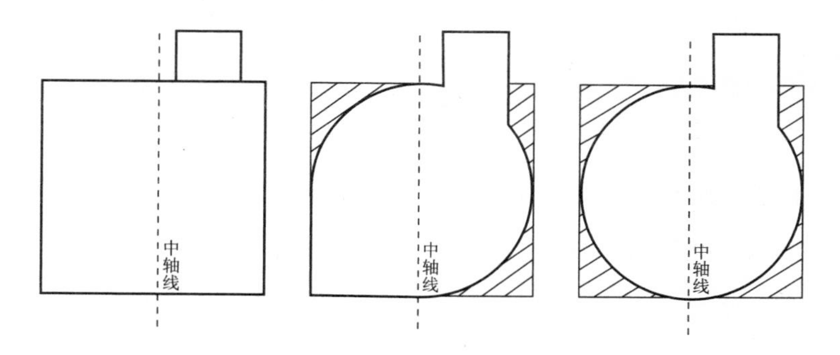

图 5－17　均衡异体的平衡形式

除上述特征外，均衡异体的虚实空间形态具有可变性强的特点，因此，设计师在设计过程中，应采用严密的数理逻辑与推导方式合理地调整外廓线的位置和式样，以使创造出的虚空间不仅要满足基本的功能性，更为重要的是应从人的生理及心理的舒适标准出发，努力追求人、物一体的人—机—

环境系统的平衡与一致，使人获得生理上的舒适感和心理上的愉悦感。可以说，这是均衡异体的包装容器造型虚实空间形态设计必须遵循的关键性原则。

在“均衡”关系中，形态本身的体量就是一种平衡要素，而设计师调整“实”外廓线，使其与虚空间所形成的扩张力同样不容忽视，正是因为虚空间的形态特征才会产生具有运动趋势的扩张力，这是一种对“运动能量”的感觉。如波兰 Aloof Design U'Luvka Vodka 酒包装容器设计（图5－18），该款酒包装在欧洲和北美地区定位于创建一个新的高端豪华品牌，其容器造型结构的空间设计以圆柱体与长方体异面相构，打破了轴对称的束缚，使实空间的外廓线呈现“S”形，继而使虚空间具有宛如少女翩翩起舞般的动感美。这种运动感是一种可以被视觉所感知，却不能通过实际测量进行精确计算和具体量化的能量，其原因在于实空间的变化，一定程度上改变了虚空间扩张力的方向和能量，而虚空间本身的丰富性及实空间形态关系的复杂性也使扩张力的方向、范围变得错综复杂。因此，以运动感为主导的均衡状态，是容器造型设计中的一种富有弹性且变化丰富的造型平衡状态。

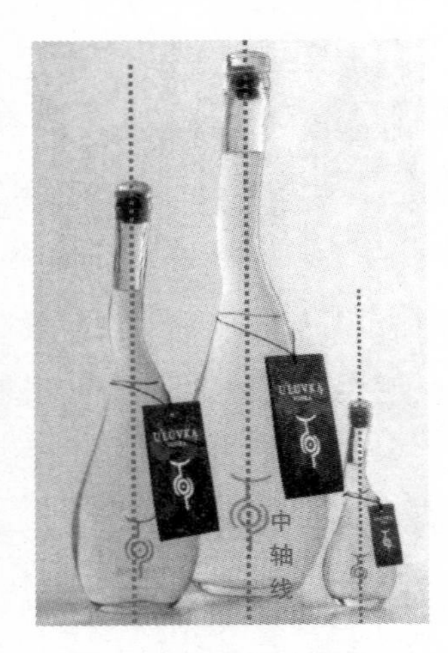

图5－18　Aloof Design U'Luvka Vodka 酒包装

再如源于意大利的知名国际品牌范思哲（VERSACE）

香水容器包装(图5－19),该香水为一款高端市场产品,销售人群主要定位于追求个性的年轻男性。设计师通过不规则的玻璃矩形的堆叠,达到一种个性的释放,表达了当今男性充满智慧和自信,充满活力、富于进取心的特点。范思哲男士香水瓶在容器造型空间设计的变化中,既讲究不规则玻璃矩形的实空间面外廓线的对比效果,又追求整体造型的统一,是设计师通过反复实验和研究所推导出的一种最佳的展示方式。具体来看,设计师一方面通过对不规则玻璃矩形实空间面的切割,达到外廓线形的异变及虚空间的空缺处理,另一方面对基本型进行穿透式的切割,使该香水包装造型结构整体形态中出现空缺虚空间,获得一种不对称的形式美感。在具体的设计实践中,设置空缺的部位可在容器的正中,也可在器身的任意一边,空缺尺寸可大可小,但空缺部分的形状必须单纯,才能够避免为纯粹追求视觉效果而忽略了容器的容积问题。

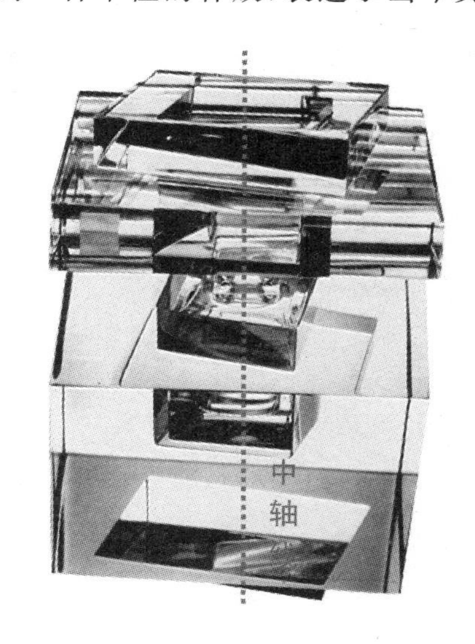

图5－19　范思哲香水包装

我们认为均衡异体相对于均齐共体的包装容器造型来讲,它以后者为基础,并以改变后者实空间外廓线的“形”,来重点强调由“形”造“态”的虚空间；相比之下，均衡异体的“态”要比均齐共体的“形”所构造出的包装容器造型空间在审美形态特征上更为生动和更具活力。可以说，均衡异体的包装造型结构较适合时尚达人、学生和儿童等消费群体，因为这一类的造型结构与年轻人的活泼、好动、充满活力的性格特征完全吻合，不仅可以给年轻的消费者以生命动感，而且能使年轻的使用者在使用该产品的过程中体验到积极的、快乐的感受。

第六章 包装容器造型规律与设计方法

“形而上者谓之道，形而下者谓之器。”《易经·系辞》中提出的这一“道器”关系说，将道与器区分开来，影响十分深远。明末清初思想家王夫之认为：“天下惟器而已矣。道者器之道，器者不可谓之道之器也。”由此，我们不难看出，道与器二者是辩证逻辑的关系。我们在讨论包装容器造型时也应充分注意这一“道器”关系说。包装作为人类造物活动的体现之一，也无不反映了道与器这一辩证逻辑关系。就包装造型设计来看，“道”即包装造型的规律和成型的原则、方法，而“器”即包装容器造型的本体特征。因此，我们在讨论包装容器造型设计时，不能简单孤立地看待有关于包装造型的问题，而应该深入挖掘包装造型的形成规律和器物的本体特征。

确切地说，就是将包装容器造型成型规律与设计方法结合起来，将智慧与技法结合起来，将道与器连接起来，以此来总结提炼出包装容器造型内在的规律“道”和外在的体态特征“器”。

包装容器造型设计方法存在着诸多共性规律。总的来说，可以将这些规律归纳为两个大的方向：一是仿生设计，即对自然界的各种形态进行模拟与仿造，设计出形象或者具有象征意义的包装容器造型；二是对基本几何体（如正方体、锥体、柱体、球体等）的体、面、楞、角等部位，在形式美法则的指导下，通过切割、贴补等方式进行局部的变化与统一，来塑造容器造型的新形象。

一、非几何形态造型设计——仿生设计

仿生设计是一种模拟自然形态并再创造的设计方法，也是艺术设计中的艺术与科学相结合的思维与方法之一。从人性化的角度来看，仿生设计是追求自然与人类设计的融合与创新，通过仿生设计寻求人类生存方式与自然界的契合点，是人类社会与自然达到高度和谐的重要标志[①]。

仿生设计的灵感源于自然，对自然生物的模拟与再创造，为我们带来了丰富多样的创新产品。一般来说，仿生设计的研究方法是先分析设计目标再寻找相对应的生物模型。通过对生物体的结构与功能进行仔细的研究从而进行简化，提取特征元素，塑造出一个生物模型或生物原型，并分析其机理、原理。然后，用数学公式来表达它们之间的内在联系，变成数学模型。根据这个数学模型，或直接根据生物原型，将有益的生物原理应用于工程技术，并制作出实物模型，经过反复实验、改进而发展成各种技术模型，最终实现对生物系统的工程模拟。

1. 仿生设计类型

众多造物事实表明，大自然是艺术创作的灵感源泉。从造物活动开始，在造型领域中前人就已经从自然界中获取灵

① 于帆、陈燕：《仿生造型设计》，华中科技大学出版社，2005年。

感，创造出许许多多精美的器物。对大自然进行模仿和概括是人类造物活动的重要方式。在现代包装容器造型设计中，仿生设计也是一种“用之简单、行之有效”的造型方法之一，一般用于非几何形态的容器。使用该方法所得的容器造型不仅更具有趣味性与象征性，并且能够给人以自然舒畅的视觉享受。

由于仿生设计独特的可延展性特点，而受到设计师和设计研究者的广泛推崇，其中部分设计理论研究者还对这类仿生设计进行诸多的探索和研究，并衍生出多种不同特点的仿生方式，主要有具象仿生和抽象仿生、整体仿生和局部仿生、静态仿生和动态仿生等。

从仿生形态再现事物的逼真程度和形态特征来看，包装容器造型的仿生设计可分为具象仿生法和抽象仿生法两种。[①] 在包装容器造型设计中，具象仿生法是设计师根据被包装物的产品特征或者品牌的特点，通过对外界形态的视觉捕捉，直接将这些自然形态进行符号化，而后照搬到造型设计中，形成较逼真的造型形态的一种方法。这种造型形态，不仅便于识别与记忆，还可以使包装容器在被使用完以后实现陈列功能。如图 6－1 所示是湖南湘泉集团推出的神鼓酒包装，该包装即是采用湖南湘西的“神鼓”为造型，是典型的具象仿生设计。从表现形式来看，该包装的造型直接采用当地的铜鼓为原型进行塑造，特点鲜明、易于识别，不仅具有一定的艺术性与趣味性，而且烘托出了该酒浓郁的地方特色与深厚的品牌文化渊源。

① 章顺凯：《仿生形态在包装容器造型设计中的应用研究》，江南大学硕士学位论文，2008 年，第 13 页。

图 6-1　湖南省湘泉集团神鼓酒包装

由于具象仿生的包装容器造型具有良好的趣味性与亲和力，因而也多被用于儿童类物品或者工艺品的包装容器的造型设计中。然而，这种方法也有其不足之处，因为包装容器作为商业设计的一个部分，一般需要大批量生产，但是由于在进行具象仿生的造型设计时需要考虑的细节较多，一般在模具设计或者材料选择上比其他一般性造型开发难度更大，这就增加了包装成本。基于这种制作工艺的难度与成本问题，设计师们均对具象仿生进行简化设计，用简洁明了的元素来表达自然界的各种形态。这种方式也就是我们通常所指的抽象仿生。

抽象仿生法是指在具象仿生的基础上，将仿生对象中的某些形态，通过归纳、演绎的方法进行再构造，从而形成的一种新的造型形态，达到神似而形不似的境界。这种方法弥补了具象仿生法中的一些不足之处，使设计师更具发挥的空

间，故此这种方法成为包括包装容器造型设计在内的其他造型设计门类中最常用的一种造型方法。如图 6－2 所示的这一款牛奶的包装，在造型上采用奶牛乳部的形体进行抽象仿生，其形象趣味、生动，不仅在视觉上成功地传达出产品的属性，给消费人群以亲和力，而且在众多的牛奶商品中给人以耳目一新的含蓄之感，极大地增强了包装的促销作用。

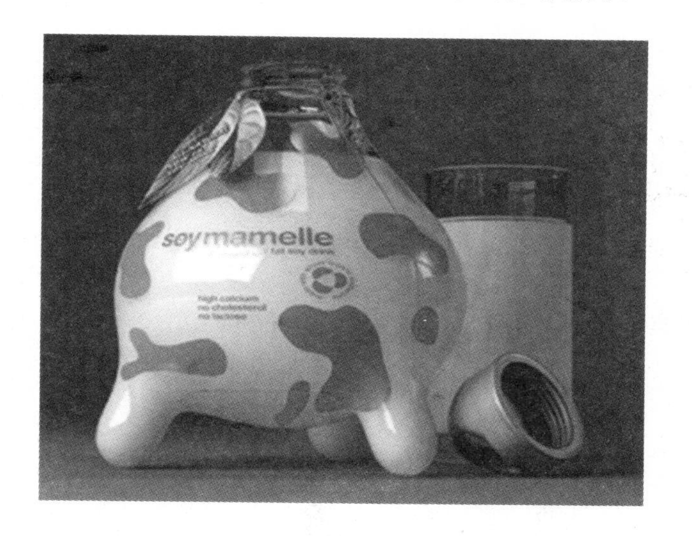

图 6－2　牛奶包装

与具象仿生法相比，抽象仿生方法更具有灵活性，但是这种造型方式也有其局限之处。大量的设计实践表明，设计师在运用这种方法的时候不能完全按照自己的主观意愿，而需要充分地考虑到消费受众的接受层次。因为最终接受这种包装容器造型形态的是消费受众，而非设计师本人。可以说，消费受众承当着包装容器造型的最终形态（前半部分是设计师把包装容器设计制造成实物）。受众需要根据自己接受教育的程度、审美情趣、生活阅历等，通过联想与想象，使包装容器造型从简单概括的形态升华为与受众的"接受心理"相契合的仿生形态。[①] 因此在进行抽象仿生的同时,设计师应该对消费者进行严密定位,分析消费者各个层面的接受能力,确定最终的设计方案。

① 章顺凯:《仿生形态在包装容器造型设计中的应用研究》,江南大学硕士学位论文,2008 年,第 14 页。

在仿生设计中,按照被仿生造型形态的完整性,又可将仿生形态设计分为整体仿生和局部仿生。整体仿生是以自然界形态或者人工制造物为对象,以产品的整体造型为载体,进行仿生形态的设计。这种仿生设计方式下的包装容器造型整体性更强,也易于识别。目前市场上,诸多高档化妆品、酒、饮料的包装容器造型设计的塑造即多运用这类方法。图 6-3 所示是日本麒麟公司生产的竹味清茶饮料,该瓶子的瓶体部分就是完全采用竹子的形态进行仿生的。

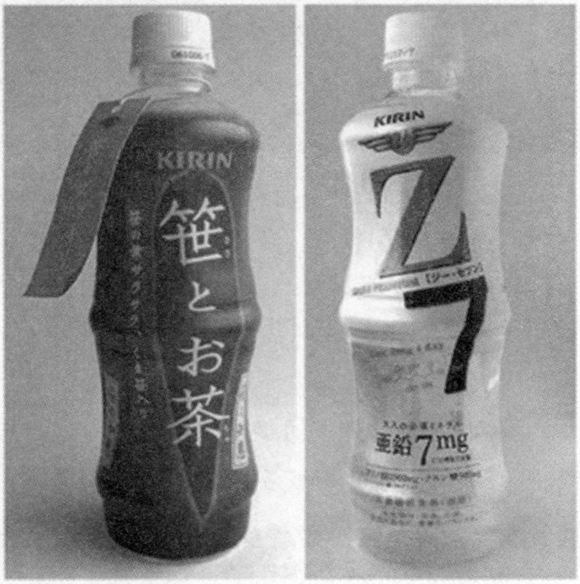

图 6-3　麒麟公司竹味绿茶

局部造型的仿生设计是相对于整体仿生划分出来的，即通过对产品的某一部分或某一构件进行仿生形态设计。因为包装容器一般由多个部位构成，每一个部位都承载着各自的使用功能与审美功能。这些部位的组合构成了一个整体的容器形象。作为整体的组成部分，局部的形态也可以被作为产品特点和企业文化的塑造点。因此很多企业为了创新，经常通过改变容器某一部位的形态，来展示画龙点睛的作用。如有一些包装容器将瓶盖部位设计成象征该企业文化的吉祥物，以此表达企业的经营理念。如图 6－4 所示的 PLAYBOY 的香水瓶设计，其瓶盖的兔子耳朵造型既营造了产品的亲和性，又突出了产品的品牌形象。

图 6－4　PLAYBOY 香水

包装容器的造型设计又称容器的“形态”设计，根据“形”与“态”的本质区分，又将仿生设计分为静态仿生和动态仿生。

静态仿生是根据自然生物中的静态“形”进行包装容器造

型的仿生形态设计，在把握被仿生对象外部的表层形态特征和内部深层共性规律的基础上，对适合于包装造型部分的形态特征进行模仿、再现与演变。静态仿生的包装容器造型有着宁静、稳重、含蓄、品位的特征，一般这类仿生造型较适合用于成熟群体的消费品包装容器造型设计上，给人以低调、沉着、稳重的审美体验。如图 6－5 所示的这一款"康雍乾"牌的白酒，设计始终以"修天地正气，品盛世醇香"为主题，造型采用是与非的夸张手法，宛如清朝帝王的御冠，栩栩如生，寓意高昂富丽的御冕，突出皇家气派、体现高尚品质精神的中国白酒包装。

图 6－5　康雍乾白酒包装

动态造型的仿生设计是相对于静态仿生形态设计而言，它是对生物的"态"所进行的模仿设计。生物的空间、立体和生存行为、动态特征是动态仿生设计的主要内容。仿生物"态"的设计比仿生物"形"的设计，具有更完整、更生动、更活泼的生物形态特征，因而也使包装容器造型本身具有更加突出的美感、表现力和意义特征。动态仿生造型较适合于学生、儿童等消费群体，因为动态仿生的包装容器造型与年轻人的活泼、好动、充满活力的性格特征相吻合。它能给消费者以生命感，同时具有趣味性，使得消费者在使用该产品的过程中拥有积极、快乐的享受。如图 6－6 所示是工业设计

图 6－6　TyNant 矿泉水包装

大师 Rose Lovegrove 设计的 TyNant 矿泉水包装容器，这款矿泉水的包装容器在造型上模仿了水在流动中的动态特征。TyNant 矿泉水的包装造型将模仿对象的动态描述得惟妙惟肖，捕捉一片流动的水并且把它转变成为一个瓶子，运用波浪状线条使瓶中的水仿佛具备了生命一般舞动，形同“流水无形”。将大自然的流水和包装相互结合，把不可改变的客观事物越界到了包装容器造型设计中，使存放水的容器也有了生命。这是包装容器造型动态仿生设计中的典型案例，它对我们以后的设计实践具有重要的借鉴意义。

2. 仿生设计方法

从方法论的角度来看，仿生设计可以分为生物形态简化法、自然形态符号法、自然形态解构法、自然形态模拟法等。

生物形态简化法，其中“简化”是指将丰富的内容和多样化的形式组织在一个统一的结构中，在这个结构中所有的组成部分都具有其相应的位置和作用，成分与成分之间具有不可替代的关系，整个事物形成一个有机的体系。首先，分析生物形态的结构特征，简化生物形态的主要结构特征。然后，对生物形态的特征进行分类和提取。最后，将生物的形态特征进行提取和简化，即生物形态主要结构特征的简化，从而得到一个具有高度秩序性和规则性的主要结构特征。生物形态通过简化形成特定的秩序和规律，再通过规则化、几何化、变形与夸张、组合与分离等手法，在重要特征优先原则、特征相似性原则、简洁性原则和与包装形态相匹配原则的指导下，将其转化成包装形态的秩序和规律，从而创造出简洁、美观、新颖、大方的新型包装仿生形态。如图 6-7 所

图 6-7　石榴果汁包装

示是 Graham Packaging 设计的一款石榴果汁的包装容器，

该包装容器在造型上模仿了石榴的外形，通过简化其外形，再进行组合，将石榴首尾相接摞在一起，同时在瓶子的颈部上运用石榴果实的造型表现独特的“王冠”。

自然形态符号法，该方法与上文提到的简化的方法有相似之处，区别在于自然形态的符号化过程中，自然形态的文化性特征含义更能传达一种约定俗成的象征性意义。通过对自然形态的特征和符号性意义（信息源、编码、信道、解码）的分析与研究，对自然形态进行提炼与模仿，创造出大众容易理解、接受和欣赏的自然形态符号，并继续深入挖掘自然形态符号的情感和功能，使其完全转化为包装设计的形态符号，运用在包装容器形态设计之中，创造出人与自然相和谐的形态语义符号包装设计作品。如图 6－8 所示是设计师 Pitch 设计的一款葡萄酒包装容器，该包装容器模拟了水滴的造型，为了使作品更富有时代感，设计师打破常规，创造了一个像香水一样的葡萄酒瓶，给人以清新自然的感受，让人耳目一新。

图 6－8　葡萄酒包装

自然形态解构法，该研究方法与上文提到的简化、符号化的研究方法均有相似之处，区别就在于对解构的理解以及自然形态解构样式的抽象程度和认知分析上。消解形式和内容之间的界限与二元主从关系，追求“形式”纯粹化的过程是解构主义的主要特征。因此，对于自然形态的解构，其实主要就是一种对于自然形态自身“纯粹性”的探索和理性地追求其形态的艺术科学。那么，自然形态解构的程度越高，即其抽象程度就越高，当运用到包装形态设计中时，则其认知识别性就越模糊，或者说越低，反之亦然。如图 6－9 所示的包装的理念灵感来源于蜂窝，对蜂窝结构进行解构，这样的包装既别致又独特，不仅收缩性强，重复利用率也会很高，还可以很好地保护玻璃瓶，避免碰撞带来的损伤。

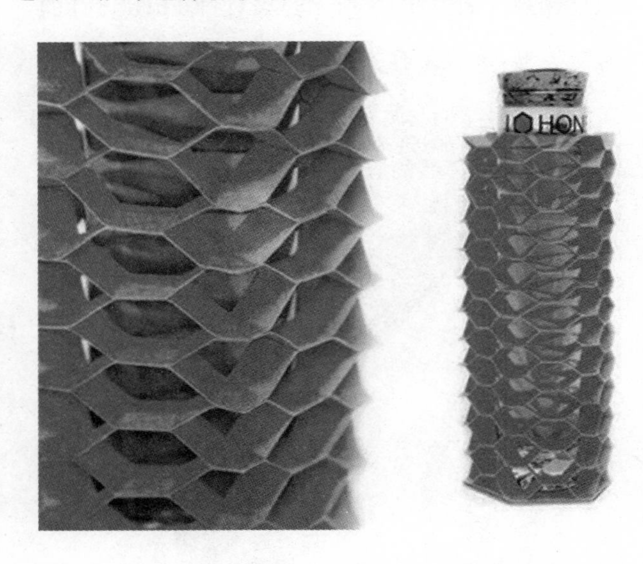

图 6－9　运用蜂窝结构的包装

自然形态模拟法，在形态学中“间接模仿”被称之为模拟。而在包装形态仿生设计理论中，我们把"模拟"理解为：通过对自然形态进行加工整理、抽象化、符号化，或者抽取其中个别部分、特征、细节加以变化和运用，将其转化为更加具有包装形态特征的、更加具有抽象形式特征的、更加自由的设计符号。基于这种方法所进行的造型设计，可以创造出更为自然的包装设计作品。如图 6－10 所示是日本风流堂设计的一款可以内装果冻的包装容器，该包装容器在造型上模拟了竹子节段的造型，通过在结构上的加工，巧妙地在容器底部安装一个内置式空气推包，能将果冻推出来。

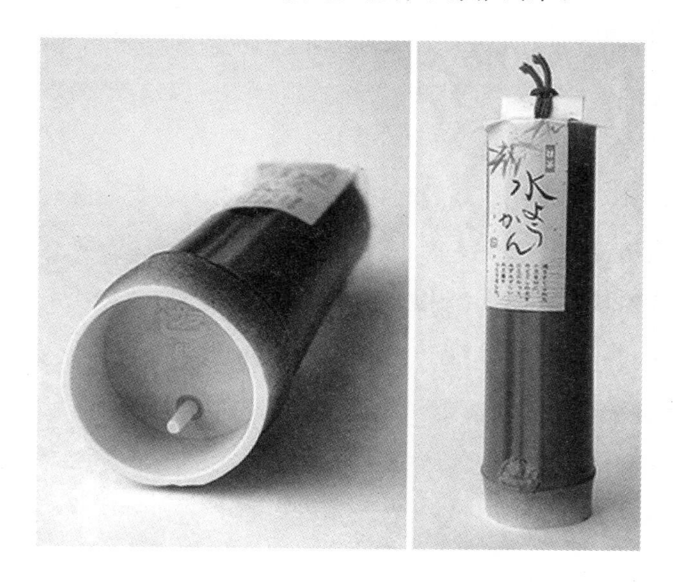

图 6－10　果冻包装

充分地了解和学习上述这些造型形态的构造方法可以引导我们将自然形态合理、有效地应用于包装容器造型形态的仿生设计中，从而创造出更具人性化、创新性、艺术化、情趣化、生活化的包装容器造型形态。一系列的形态构造法暗示着我们必须遵循和尊重自然界的规律，注意生态环境、经济效益与形式新颖的有机结合，包装设计师应善于运用类推的方法，从自然界中观察吸收一切有用的因素作为创作灵感，同时学习自然形态的有机构成并结合现代包装技术来为包装创新服务。

3. 仿生设计原则

我们在运用以上包装容器造型设计方法的同时，要结合仿生形态包装容器造型的构成因素，主要包括物质的和精神的两个层面。物质层面诸如容器的功能、材质、结构、色彩等；精神层面则主要是社会环境、人的审美理念和原则、包装造型的象征意义等。除此之外，我们在对包装容器的形态进行仿生设计时，还要考虑以下两个方面：

其一，考虑包装容器的实用功能。对于仿生形态包装容器造型设计，如果单是从视觉角度来进行考虑，而忽略容器在实用功能上的体现，就有可能造成在使用过程中产生诸多不便和麻烦。在设计中，如果我们能够从商品的使用角度出发，并结合相应的仿生形态进行设计，即可使包装容器集功能性和审美性于一体。这样的仿生形态包装容器能更好地为消费者服务，使消费者在使用过程中体会到仿生形态造型带来的便利。

其二，考虑消费者的消费情感。在物质生活富足的现代社会中，人们逐渐把消费目标转移到对精神价值的追求中，希望自身得到社会的关注和认可。仿生形态包装容器造型设计要反映出商品与目标群体之间的关系。换而言之，即反映消费对象在不同的年龄层次、社会地位、文化程度、兴趣爱好、精神需求及生理特征等背景中的消费心理需求,以适合消费者人群的心理情感为出发点。如儿童用品的包装容器应有可爱有趣的造型,如动物型、卡通人物型、积木型等色彩明快且对比强烈的设计以迎合孩子的童趣爱好。女士用品包装的造型设计,如模仿身体曲线,树叶型等流线、唯美造型设计来满足女性优雅、灵性、时尚的性格特征。而符合男士商品的包装造型除了象征激情与力量等特征外,更为重要的是要采用能表现出男人绅士风格的包装造型。另外,还可以从消费者不同时间段的心理需求考虑,如圣诞节、春节就可以用不同的仿生设计来表达一种喜庆的节日气氛。

二、基本几何体的变化设计

包装容器造型设计方法中除仿生设计以外,还有一种非常重要的方法,其主要是以基本几何体为造型原型,对几何形体的体、面、楞、角等局部予以适当的变化,即基本几何形体的变化设计法,产生新的造型形式。一般而言,以这种造型设计方法设计的包装容器,具有简洁、大方、明快、严谨的视觉特点。一般情况下此类包装容器的造型,先是通过几何形塑造法与三视图塑造法确定容器的基本形态,然后在基本型的基础上,通过相似型的造型法进行变化,从而形成多个变化且统一的基本型,或者对局部(体、面、楞、角等部位)进行装饰造型设计,最终得到丰富的造型形式。具体来看,这种造型构造法包括以下几个环节:

1. 基本型的塑造

除了上面提到的仿生设计以外,包装容器造型设计从几何形态上说，是一种体、面、线、点的综合设计体。其中，体是其他造型设计的载体与基础，因此我们要进行容器造型的全面设计，首先要塑造一个基本形态。

常用的基本型塑造方法有：基本型轨迹运行塑造法、三视图塑造法、相似型渐变造型法、基本形体相加与相减法等。

基本型轨迹运行塑造法，是以平面的基本型为母体，通过一定的运行轨迹进行基本型造型的一种方法。几何基本型是以三角形、圆形、正方形为三原形(图 6－11)，再以三原

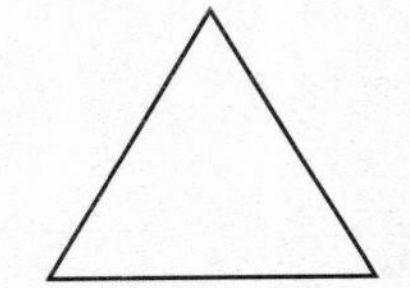
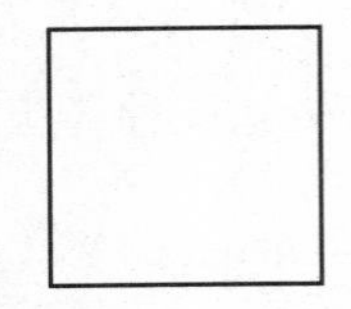
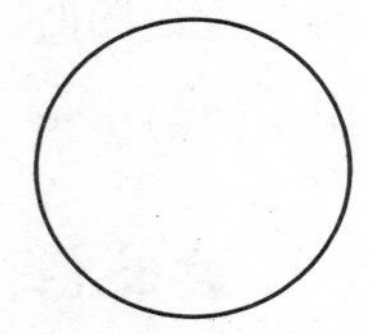

图 6－11 基本型

形为基础，进行分割、变化，可以演变出多种混合形，即所谓器物的基本型；而后再将这些基本型进行组合、改变、调节，并通过一定的运行轨迹，塑造出各种不同形态的容器基本型。由于现代器皿的造型丰富多样，一般基本的几何形态都已在器皿设计中应用生产，所以，在器形的差异化设计中更多的是对器物进行细部变化的微妙精细设计，或者采取几何造型与局部模拟自然形态相结合的造型方式，以求得造型设计上新的突破。基本型轨迹运行塑造法作为一种造型思维方法，在设计应用中还需要结合具体产品的用途、材质、目的，适时灵活地把握容器整体造型的实用功能与差异化的审美艺术效果，塑造新颖、适用、美观、安全、方便、经济、环保的包装容器。下面的三个容器造型设计的例子是以三角形(图

6－12)、圆形(图 6－13)、正方形(图 6－14)为原形进行设计的作品,在其设计中通过微妙的变化使传统的图形变得极具现代感,且富有简约、严谨等特点。

图 6－12　以三角形为原形设计的作品

图 6－13　以圆形为原形设计的作品

图 6－14　以正方形为原形设计的作品

根据包装容器造型设计的特殊性,在基本型轨迹运行造型方法的基础上衍生出来的一种方法称三视图塑造法。这种方法是通过对容器的俯视投影图或主视与侧视投影图的任何一个形面进行改变,形成新的造型形态的一类造型设计方法。这种造型设计法,可以用在已有容器造型的基础上,也可在新开发设计的容器造型基础上,通过改变其中一个视图(例如:俯视图)的形态即可设计出新的造型形态。当然,也可以改变两个视图(例如:主视图和俯视图或侧视图)的形态来产生更大的造型变化。

其中,改变俯视图造型对基本形态进行重构的方法也称截面投影造型法。可以从应用和审美的角度,对俯视图的形面进行均齐对称的几何形变化,或对某一边线进行线形变化,进而塑造出丰富多变的新形态,再根据品牌或内装物的特点选择适合的造型(图 6-15)。

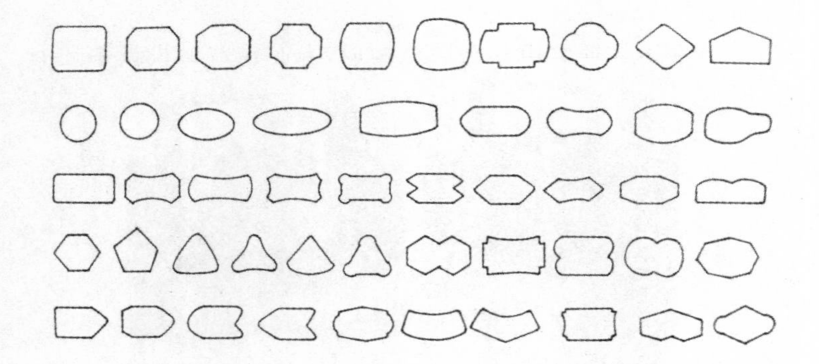

图 6-15　截面投影造型变化

另外,主视图(也称正视图)与侧视图造型法主要是对于均齐对称的方、圆柱式或球体等主、侧投影图相同的容器造型通过改变主展示面的轮廓线来塑造形体的一种方法。因为只要改变正视图的面形或边线形态，就会使容器的整体形象发生变化，而对于正视与侧视形态有别的器形，改变正视面与侧视面两方面的面形或轮廓线形，则可获得更为丰富多样的新造型。

该方法是一类有序的造型方法，也是解决系列化包装容器造型共性联系和个性化差异最为行之有效的设计方法，主要包括渐变、镂空、旋转、挤压等手段。该造型方法是以已设计或选定的一个器形为基础，在图面等距离内画若干条瓶形设计的中轴线；然后找出器形特征关键的形线的接点和切点，由这个关键的点（或几个点）作一定的斜直线、曲线或几种曲线和直线、折线的组合线；设定的方法可采用等距离或数列渐变距离，进而采取切点与接点渐变造型的方法，有序地设计演变出多种相近似但各不相同的容器造型（图 6 - 16）。

包装容器通常由几个部分构成，因此在造型设计中还有一种不可替代的方法，即容器造型体的相加、相减法。容器造型体的相加是指基本型相加，即两个或两个以上的基本形体，根据造型的形式美法则，使其组合成一个新的造型形体。这就好比不同英文字母的组合可以组成不同的英文单词一样。所以，在容器的造型设计中，充分运用基本型进行的组合方式可以构筑丰富多彩的造型形式。当然，设计师在设计时需要注意组合的协调性，其基本型种类不宜过杂，数量不宜过多，否则会使造型在整体上给人以繁琐之感（图 6 - 17）。容器造型体的相减也是在基本形体的基础上进行的，相对于由两个基本型组合的容器造型体的相加法来说，其只是在基本型上进行的变化。这种方法大概有两种处理方式：

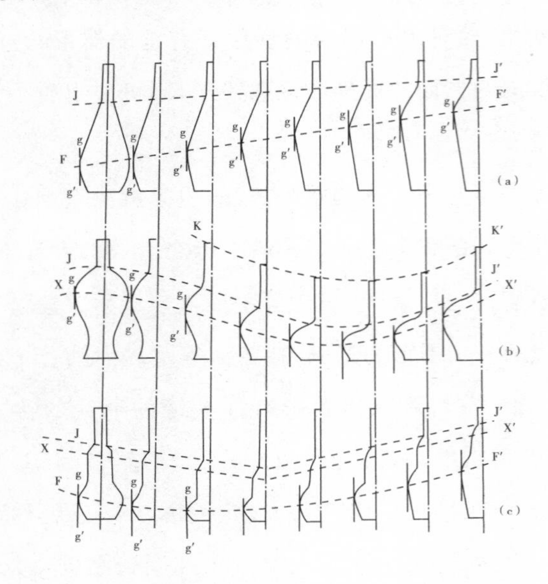

图 6－16　相似型渐变造型

图 6－17　体的相加

其一，是造型体的切割处理。在运用这一种处理方式进行造型设计时，首先要确定包装容器造型的基本形体，对基本型进行局部切削，从而使容器的造型产生丰富的变化。同时，运用形式美的原则，强调被切割体与整体造型之间的关系。切割后，立体的切口处产生新的面，根据切割的部位、大小、数量、弧度的不同，从而修正其他造型部位达到一种和谐的形式。在切割时要注意各部分的比例关系及正形与负形的关系，以获得富于变化而协调统一的造型(图 6-18)。

图 6-18　体的相减

其二，是造型体的空缺处理。这种处理方式通过对基本型进行穿透式的切割，使体形态中出现空缺空间。这样是为了便于携带、提取或单纯为了追求独特的视觉效果。这种处理方式以实用原则为主，审美原则为辅，打破了基本型内部的整体分布。这种处理手法形成的容器造型体，必须根据造型体的整体形状和空间大小来设置空缺的部位、形状和空缺尺寸，其空缺部分的形状要单纯，一般以一个空缺为宜，避免纯粹为了追求视觉效果而忽略容积空间。另外，如果是功能上所需的空缺就应该考虑是否符合人体的合理尺度，也就是包装容器造型的合理性问题，关于这部分的内容，我们有专门的章节进行阐述，在此不再赘述。

2. 基本型的形面装饰

在完成基本型的塑造以后，下一个步骤就是对容器的表面进行装饰设计。一般来说，基本型的形面装饰方法有体面装饰线的变化、表面的肌理变化、表面局部特异的变化这三种。

形面饰线造型法是采用凹凸的装饰线形打破器形的平面形态，分割改变容器的面形，加强器形立体形态的虚实装饰美感的一种造型方法。一般可以通过线条的粗细、曲直、凹凸以及数量、疏密、方向、部位的变化来表现，产生庄重或活泼、饱满或挺拔、柔和或流畅的节奏感与韵律感。这种造型方法在高档酒、化妆品等产品包装容器设计中应用较多。不过，值得指出的是，此类产品中也有采用浮雕或阴刻式装饰纹样手法巧妙塑造容器形态的。这种造型方法，在设计中要特别注意是否符合和方便模具生产的工艺要求。如图6－19所示容器表面的不同饰线，使容器产生了不同的韵律。又如图6－20所示的矿泉水的容器中回形的饰线增加了瓶子的运动感，同时通过饰线的凹凸增加了手握瓶子的摩擦力。

图6－19　形面饰线造型的包装容器

表面肌理变化在视觉效果和触觉感受方面都更容易产生亲和力。肌理的表现是丰富多样的，同一材质也可以通过疏密、大小等变化派生出不同的肌理，不同材质的运用则可产生丰富的肌理变化。在造型设计时，运用不同的表层肌理可以使单纯的形体产生丰富的表情，增加视觉效果的层次感，使主题得到升华。比如说在玻璃容器上使用磨砂或喷砂的肌理效果，既可在视觉效果上增强层次感，又可给人以不同的触觉效果，并增大手与容器之间的摩擦力。同时，在容器的局部保留玻璃原来的光洁透明，这样不需要依靠色彩，仅运用肌理的变化与对比就可以达到突出的视觉效果，并使容器本身具有明确的性格特征。如图 6 - 21 所示是一款澳洲的 Oracle Organic 饮料包装，该款包装的瓶身上端与下端运用磨砂的肌理效果，瓶身的中部保留玻璃原有的光洁透明，透出饮料本身的色彩，有很强的视觉冲击力。

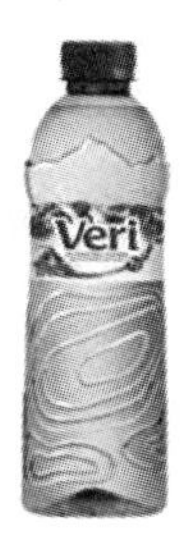

图 6 - 20　形面饰线造型的矿泉水瓶

图 6 - 21　Oracle Organic 饮料

特异的手法是指在相对统一的造型变化中安排局部的造型、材料、色泽的变异，从而使整个造型结构富于变化，具有层次感和节奏美。这种变化幅度较大，加工工艺较复杂，成本较高，适用于较高档的容器设计，宜在盖、肩、身、底边、角等部位进行处理。如图 6 - 22 所示是一款饮料包装，在瓶口设计中没有使用传统的旋转盖，在材质与颜色上又与瓶身有所区别，在优雅的造型中又略带一点情趣。图6 - 23所示是一款男士香水瓶的设计，其瓶身的夸张设计能适合于手的把握，方形外观设计也彰显出男士方刚之气，内部的液体容器与水平仪像的结合也非常巧妙。

图 6 - 22　瓶口特异　　　图 6 - 23　瓶身特异

3. 基本型的局部造型

局部造型法也称分段造型法，顾名思义就是对容器的各个组成部位进行不同形态的变化设计，达到改变包装容器形态的方法。一般情况下，瓶罐式包装容器的外部形态包含盖部、口部、颈部、肩部、胸部、腹部、足部、底部八个部分。只要对其中任何一个部位的形态进行改变，都会产生不同的视觉感受，影响容器造型的变化。

盖是容器整体造型的重要组成部分，所有的瓶罐包装容器口部都需要从适用性功能出发，一般采用圆形直口或宽沿

口形，并且必须通过盖部封合，密封保护内装产品。包装容器的盖就像人戴上不同样式的帽子，会使之产生不同气质的审美感受。在包装容器设计中通过对盖部形态的个性化塑造，不仅影响容器整体形态的变化，还可以取得令人注目的新颖的视觉效果。然而瓶罐盖子的设计不能孤立地进行，必须结合容器内装产品的性质、用途、密封、开启、安全、消费使用要求，结合瓶罐口的大小、颈部的长短、审美象征、容器整体造型与结构的特点等进行宏观综合思考。如根据内装物的物理属性考虑，水、饮料等在瓶口的设计中就应该大一些，像香水等易挥发、使用量小的产品在瓶口设计中就要小一些。同时，应相对独立地进行瓶盖形态设计与装饰变化，塑造既新颖美观富有个性特色又与整体统一和谐的盖型。

按瓶罐口和盖子覆盖容器部位的类型特征，主要有口盖、颈盖、肩盖和异形盖四种(图 6－24)。瓶罐盖造型的变化

图 6－24　包装容器的不同瓶盖造型

主要取决于盖顶、盖的棱角、盖体三个部位的线形、面形的变化。对瓶罐盖子任何部位的线形、面形进行改变，都会产生对整个器形的不同感受。

容器颈部的造型设计无需改变器形的其他形线，只改变其容器颈部的形线走向，即可创造出新的容器造型。容器颈部的形线变化及其造型，取决于容器的适用类型与消费方式的整体造型定位，根据实际需要可分为无颈型、短颈型和长颈型。颈部线形是指从衔接瓶口至颈肩之间的轮廓线形与面形，无颈型瓶罐直接进入肩部造型；短颈型容器（绝大多数的广口瓶罐）有较短的颈部，形线比较简单且变化不大，主要是结合盖部封合与开启结构需要作局部线形变化；颈部造型主要体现在长颈型容器造型之中，例如防止挥发，方便把握注出量的各种饮料酒瓶，酱、醋瓶，香水瓶等包装容器，可结合实用与审美需求，对瓶颈的外形线、面进行曲直收放变化与面线装饰（图 6－25）。

图 6－25　不同的瓶颈造型变化

包装容器的肩线是容器外形中角度变化最大的线形，它对容器造型的变化起到很大的作用。容器肩部是上接容器颈、下连容器胸部的重要部位，因此，在设计时需要充分考虑其与这两者之间的协调过渡关系。通常瓶罐式容器肩部的线形有平肩形、抛肩形、斜肩形、美人肩形、阶梯肩形等多种肩部形态。不同的肩部造型，可以使得整个瓶形具有不同的气质，如“平肩”使肩部趋向水平，使得整个瓶形具有挺拔、阳刚的气质，而“斜肩”则使整个瓶形具有自然洒脱的特性，美人肩则具有古典苗条柔和之感等。通过对容器肩部的长短、角度以及曲直的变化可以产生很多不同的肩部造型（图 6－26）。

图 6－26　不同形态的肩线造型

瓶体造型即胸腹部造型。容器的胸腹部位是包装容器的主要部位，对于大部分容器来说这两个部位的形线常常紧密相连，形线变化直接相关，因此造型上可以采用合并和分开两种形式。容器的胸腹部造型归纳起来有直线单曲面造型、直线平面造型、曲线平面造型、曲线曲面造型、折线造型、正反曲线造型等不同的线形表现类型。在对容器胸腹部位进行造型设计时，要同时注意考虑产品标签的部位与面积，以便于后期贴标或印标的设计与加工生产。容器胸腹造型设计还要考虑人体工程学的因素，因为消费者在抓取容器的时候，一般都会接触容器的胸腹部位，所以对该部位的设计关键在于解决消费者握持器身时的手感问题，以方便消费者使用（图 6－27）。

图 6－27　胸部与腹部造型

瓶罐的足部上接瓶腹，下接底部，是容器稳定性和造型设计的重点部位。容器底足的上端（即器身的下部），可以采用直线平面、曲线平面、曲线正反曲面等手法塑造出新的足部形态。一般的瓶底多采用内凹形态，大口径的罐子则平底较多，同时，足部与底部的形态、大小还直接关系到容器的强度和稳定性能。底部封底线外撇造型：稳固、臃肿；底部封底线垂直：造型稳定、平庸；底部封底线内收造型：不稳定但显得轻巧。如何处理好底部与瓶身的连接关系也是设计好容器造型的关键之一（图 6－28）。

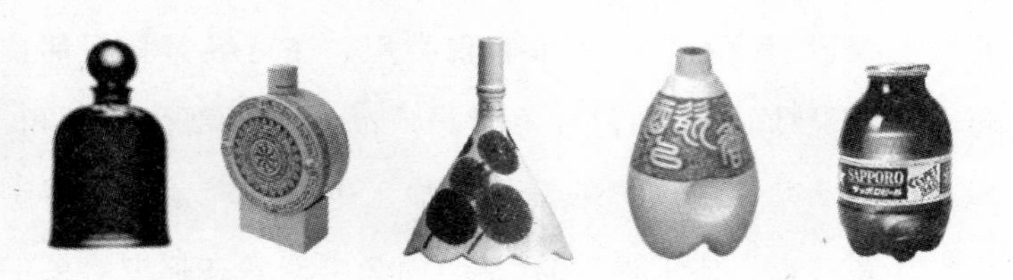

图 6－28　不同的瓶足与底部造型

上述按瓶罐容器部位分别造型的方法，作为一类造型思维方式，本身具有一定的相对性和局限性。因为在设计过程中各个部位是相互关联的，没有绝对的界线，始终应从器形

的整体应用与审美效果出发，处理好局部与局部、局部与整体的辩证统一的关系。

本章通过分析目前市场上的包装容器，结合其成型规律，探讨了包装容器造型成型规律与设计的可行性、必要性、理论价值等内容，总结了包装容器造型设计的基本方法，并通过具体的例子进行了具体的讲解，希望能给读者一点启发。

第七章 包装容器“五维一体”计算机辅助设计

随着计算机软件技术的飞速发展，包装设计专业计算机辅助设计软件在数量增多的同时，其功能也有了质的飞跃，各种软件在使用功能上都具有各自的优势与长处，它们可以很好地进行互补。因此，设计制作一个优秀的包装容器，并非简单使用单一的软件即可完成，而是需要结合多个软件，并且还要进行灵活运用。正是基于这一点，我们以整合包装设计理论为理论基础，结合包装设计专业的特点，提出了“五维一体”计算机辅助设计的模式。该模式是在整理、吸收、借鉴容器造型设计内部规律的基础上，整合包装容器造型计算机辅助设计领域中各大软件的精髓，构建出的一个更加科学、合理、完整的理论体系。

这个模式完全模拟以往包装设计人员手工设计的步骤，利用各种计算机辅助设计软件来快速完成设计制作的程序。整个程序可以归纳为：①利用 Auto CAD 设计出包装容器外形的线架结构，并形成结构剖解图；② 在 Photoshop 中设计图形、文字等装潢方面的要素，然后输出到 CorelDRAW 中进行元素间的排版与材质设计；③ 通过三维设计软件 3ds Max 等进行造型设计，并将二维设计软件中输出的平面设计

元素与材质等效果图置换到3ds Max中进行贴图、灯光渲染、放样形成三维模型，然后再进行场景设置等；④成品制作完以后，导入VRML软件中，绘制展示不同视点的包装效果，并模拟销售环境；⑤网络交互式展示效果。五大部分软件的综合运用可大大缩短包装设计的周期，可最大限度地提高设计质量和设计效率。

一、“五维一体”计算机辅助设计概念解析

所谓“五维一体”计算机辅助设计是将与包装设计紧密相关的各类设计软件，根据包装设计专业人才培养的要求，将包装容器工艺图制作（一维）、包装容器表面装潢设计和材质制作（二维）、包装容器造型设计（三维）、包装容器设计作品的虚拟多媒体展示设计（四维）、网络交互（五维）等五大设计任务，通过有限的时间，将其中的优点提取出来进行设计体系重构的一种技术手段，是一种对各大软件的优点灵活运用的辅助设计手段。这些软件之间的灵活运用必须建立在掌握包装物造型成型规律、形式美法则以及包装容器造型设计的主要因素等内容的基础上。

二、“五维一体”计算机辅助设计内容

根据包装设计的要求，在制作包装容器造型设计之前，首先要分析包装设计的一般过程。虽然包装设计要考虑多项要求，其中还涉及技术和艺术两个领域，而具体的设计，因侧重点的不同，可能会使设计过程有所变化，但一般来说都要经过五个基本环节——包装造型设计、包装施工图的制

作、包装容器装潢设计、动态虚拟展示、交互体验。本章所要探索的五个模块实际上就是针对这些环节来展开的研究。下面就对该系统五个模块的内容、功能、使用的设计手段、案例等进行详细探讨(图 7－1)。

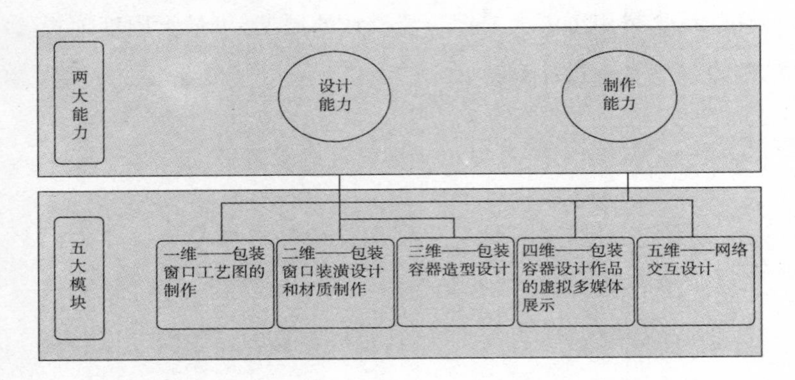

图 7－1 “五维一体”计算机辅助设计五大模块构建

(一)一维——包装容器工艺图制作

包装容器造型由于工艺的局限性和迎合市场需求,不像其他的艺术品造型一样无规律可循,因为包装要进行批量生产,需要注重它的经济适应性,所以一般的包装容器的造型都是在较为规则的形体上进行局部的变化。因此,其工艺图的绘制,一般是在基本线形的基础上进行切割与增补。理解了这个规律以后学习该方面的软件就会变得相对简单。

在包装容器造型设计中,包装容器工艺图的绘制,一般都是采用一维设计软件 Auto CAD。Auto CAD 作为目前最为流行的设计软件之一,其设计辅助功能较为全面地体现在两个方面:一方面其具有完善的图形绘制功能和强大的图形编辑功能,有效地提高了绘图效率;另一方面则提供了多种接口文件,具有较强的数据交换能力。具体来看,Auto CAD不仅有完整的一维包装容器外形的线架结构以及施工图的制作功能,也可完成二维包装容器造型的装潢设计和材质制作功能,还具备三维造型功能。但由于其对于二维和三维的制作功能有限,而且操作设计时会较慢,所以我们将一维设计软件 Auto CAD 专门针对包装容器施工图绘制的主要工具和快捷方式等提炼出来。在 Auto CAD 中其最强大的,是包装容器外形的线架结构的绘制功能。

如在图 7 - 2 所示的加湿器的容器造型设计中,使用

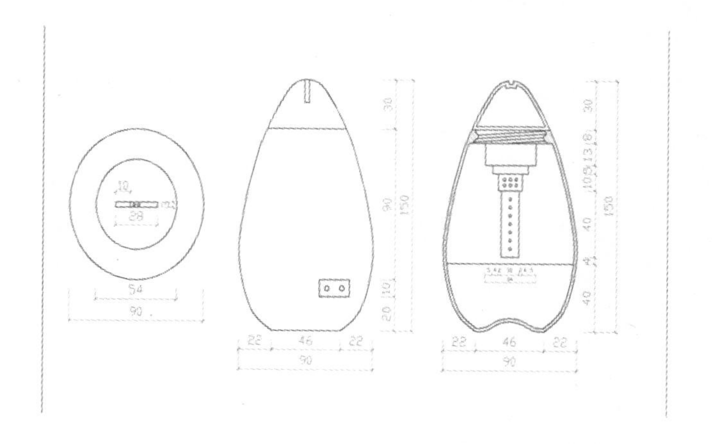

图 7 - 2　加湿器三视图

Auto CAD 的一维功能,按照预先设计和计算好的尺寸,利用其基本绘制功能即可绘制出该容器的三视图。但是如果遇到容器盖、容器底等要略微复杂一些的图形,可用 Auto CAD 的"写块(wblock)"操作保存起来,建立容器片零件库,以便为以后绘制类似图形做准备。与此同时,还可建立容器

造型库，将已绘制的造型图保存起来，在绘制相同造型、不同尺寸的容器时，从容器型库中选择所需的容器型略作修改即可。

虽然 AutoCAD 可以方便地制作出相应的包装结构图，但是由于该软件整个系统较为复杂，在包装容器造型设计操作中用到的功能不多，所以目前出现了几个专门针对包装容器造型设计方面的 CAD 软件。如基于 OPENGL 的玻璃包装容器 CAD 软件研究，这些软件都是结合包装容器造型设计的特殊性，将 Auto CAD 中的功能进行缩减，在软件中设置了多种基本结构，再通过简单的功能模块的设置，将常用的功能模块进行了提取，改变了软件界面，成为一种更加便捷的包装容器造型设计软件，这也是我们“五维一体”计算机辅助设计常用的软件之一。

（二）二维——包装容器平面设计

包装容器造型设计中的“二维”制作，主要包含两个部分的内容：其一是包装容器的标贴制作，其二是包装容器的虚拟材质制作。

制作容器的标贴或者包装装潢展开图的设计常用软件是 Photoshop 和 CorelDRAW。Photoshop 支持多种图像格式和色彩模式，能同时进行多色层处理，它的图像变形功能可用来制造特殊的视觉效果。Photoshop 具有开放式的结构，能接受广泛的图像输入设备，是高质量彩色桌面印刷系统、预印、多媒体、动画制作、数字摄影和着色技术的保证。它制作出来的图片效果可以达到以假乱真的程度，它的许多

技术在现代广告影视和三维动画制作以及包装装潢中都得到了广泛的应用。作为包装设计的基础软件,不仅要求设计师熟练掌握该软件的操作,而且根据图形的成形规律,还应该做到举一反三。此外,值得一提的是,它操作简便、应用灵活的特性给设计者带来了极大的便利。相比之下 CorelDRAW 则是一个基于矢量的绘图工具软件(所谓矢量图形,也称为面向对象的图像或绘图图像),在“五维一体”计算机辅助设计中,一般我们用 CorelDRAW 进行设计字体或绘制标志的工作,因为 CorelDRAW 的加强型文字处理功能和写作工具亦不同凡响,可以使用户在编排大量文字版面时更加轻松自如。该软件的贝塞尔曲线工具可以创建任意形状的装饰图形,并根据设计要求给图形配上合适的颜色(图 7－3)。

在三维软件中进行容器造型设计,经常会出现一些材质素材在三维软件中难以找到,甚或根本找不到,因而要通过“二维”软件进行材质制作。一般针对这种情况,设计师主要是通过 Photoshop 中的滤镜功能进行制作。如制作木纹材质的话,一般在 Photoshop 中只用三个步骤便可以制作出来。第一步:通过滤镜中的杂色功能在有木纹色的图层上加杂点;第二步:采用滤镜中的动感模糊效果,会出现木纹为直线的效果;第三步:采用滤镜中的扭曲功

图 7－3　贝塞尔工具绘制标志

能可以将木纹做得更为真实(图 7-4)。

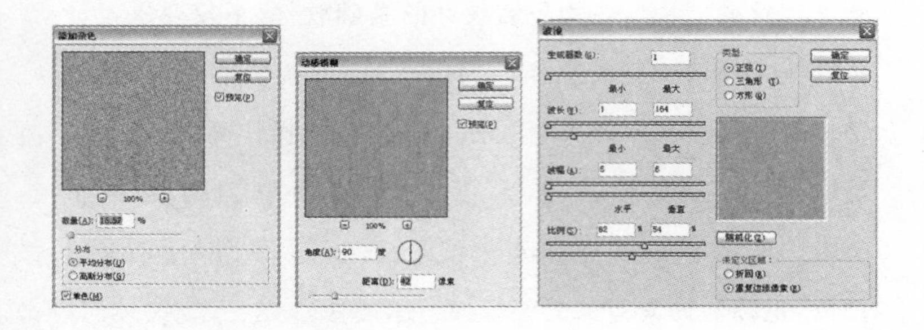

图 7-4 滤镜制作木纹

(三)三维——包装容器造型设计

在计算机技术未普及之时,尤其是计算机技术还未被广泛应用于设计领域的时候,包装容器造型设计往往以石膏为原料来进行模型设计,其缺点是显而易见的,费时费力且出现问题时也不便于修改。同时,以往包装容器的设计效果图的表现也通常是以手绘的方式来完成,过程繁琐、周期漫长、修改困难,产品空间体量的关系、表面的肌理效果等均难以表达清楚,表现手法也受到很大限制。针对这些问题,通过计算机辅助设计进行包装容器的设计变得尤为重要。在“五维一体”式计算机辅助设计体系中,仅需熟练掌握 3ds Max 或玛雅等三维设计软件中的部分功能,即可以制作出十分专业的包装容器。

三维部分我们主要通过三维设计软件与一些专业的插件,进行包装容器的三维模型制作、材质贴图、灯光、渲染等几个方面的工作。因为包装容器造型设计较工业产品设计、动画设计和视频编辑来说显得相对简单。提出 3ds Max 在包装设计中的应用这一课题，采用三维实体制作的方式来进行包装设计，这种三维实体制作的方式，不仅可以实现三维空间任意角度的变换、各个视图快速切换、参数快速修改和灵活多样的材质模拟，而且还能渲染出包装容器造型设计的最终效果。与此同时，这种造型制作方式，还可以在虚拟空间中进行造型的深入探讨、参数修改、场景创建、灯光效果、形体变化、动画演示等综合性造型创造活动。包装效果图是通过较为直观、形象的方式传达设计者的设计意图和最终视觉美感的，是设计者交流、探讨、研究设计方案的专业语言之一，也是和客户沟通的唯一视觉信息，运用 3ds Max 可以很方便地完成这一诉求。

计算机三维设计系统的种类较多，其在性能与专业方向上也存在着差异。如 Alias Studio 与 Pro /Engineer 等系统是可以应用于三维造型设计的设计系统。常见的 Auto CAD 或 Turbo CAD 等设计辅助软件则是以施工图的绘制为目标的设计系统。3ds Max 是由 Autodesk 公司旗下的 Discreet 公司推出的三维造型和动画制作软件，它是当今世界上最流行的三维建模、动画制作及渲染软件。在视图显示上，3ds Max 提供了针对对象属性、材质、控制器、修改器、层级结构的访问，以及对诸如配线参数、对象实例等不可见场景关系的控制手段[①]。增加的许多新功能不仅使软件更容易使用而且界面更人性化，增强了动画功能，拓展了在包装设计上的应用。由此，我们不难看出，运用 3ds Max 能够较容易地设置材质的各项性能参数，实现包装实体的虚拟创建与动画模拟，极大地提高了工作效率，改善了用手工方式来表

① 黄心渊：《3ds Max 6 标准教程》，人民邮电出版社，2004 年，参见概论部分。

现设计思路时绘图的繁琐程度。

1. 3ds Max 软件的功能

3ds Max 的主要功能模块有三维造型、材质贴图、运动学、动力系统学、环境创建、动画制作、Video Post 视频后期处理技术等各方面的内容。它在工业造型、影视广告、建筑装潢、机械制造、生化研究、军事科技、电脑游戏、抽象艺术、事故分析等各种不同领域中都有十分广泛的应用。另外，利用计算机系统，可以将包装容器设计的初步构思、草图绘制、效果图绘制、立体模型的建立及技术图纸的完成统一在一个整体之中。因为设计过程中的阶段性产品的调整，可以由计算机三维设计系统自动地贯彻到设计的下一个阶段的产品中，这不仅可以极大地提高工作效率，而且可以迅速获得设计效果的反馈。3ds Max 制作效果图比传统的手绘方式更为准确、迅捷、真实、易于修改，特别是在包装容器造型设计方面更有其独到的功效，其可以指定坐标轴，实现各部分精准的折叠、翻转，十分有利于设计师更为全面深入地观察、表现和研究。此外，特别值得一提的是，3ds Max 设计软件在包装材质设计方面可以达到近乎完美的地步，这对于 Auto CAD 软件来说是不容易做到的。

2. 3ds Max 在包装设计中的常用方法

包装设计是用各种不同的材料和加工手段在空间塑造立体形象的一个艺术形式。其中三维造型的主要软件是 3ds Max。3ds Max 软件主要的建模方式有曲线建模、复合建模、可编辑多边形建模、NURBS 高级建模等。

（1）曲线建模

曲线建模的方法有：

① 车削建模——现实世界中的许多物体或物体的一部分结构是原型对称的，如花瓶、茶杯、饮料瓶以及各种柱子等等。这些物体在电脑中建模有个共同点，即可通过该物体的某一截面曲线绕中心旋转而成。车削建模的思路：先从一个轴对称物体中分解出一个刨面曲线，绘制该曲线的一半，绘制时可用曲线编辑器对曲线进行修改或进行布尔运算。在确定旋转的轴向和角度后使截面曲线沿中心轴旋转，从而生成一个对称的三维模型。下面是一个酒容器的例子叙述：

步骤一：单击命令面板的创建命令，选中"图形"，在其对象类型中选择"样条线"，再选择"线"，然后在左视图中绘制容器截面轮廓的曲线（图 7－5）。

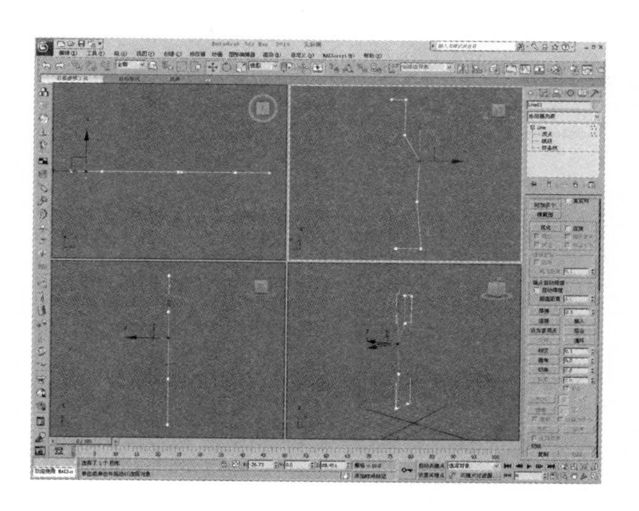

图 7－5　样条线绘制

步骤二：单击命令面板中的修改命令，通过编辑点的属性，修改容器截面轮廓的曲线（图 7－6）。

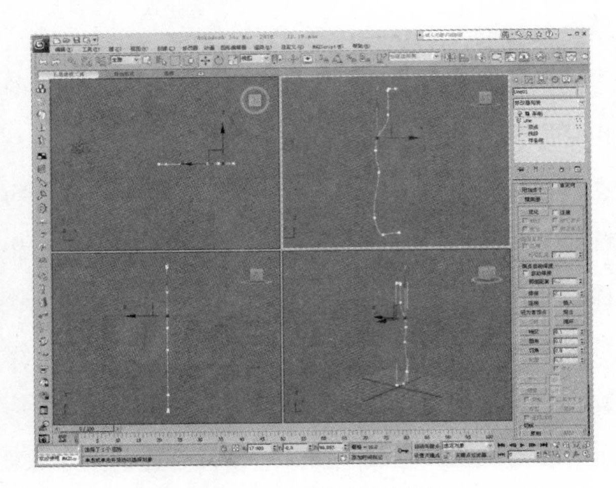

图 7－6　编辑点的属性

步骤三：在修改命令面板的选择类型中，选择“车削”，单击“翻转法线”，在对齐方式中选择“最小”，从而生出一个对称的三维容器模型（图 7－7）。

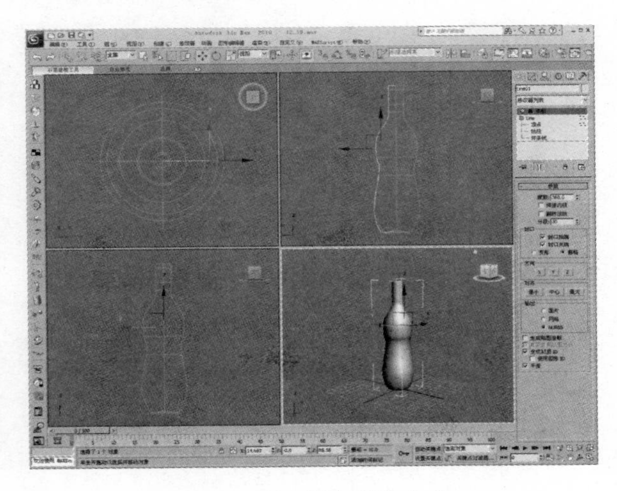

图 7－7　三维容器的生成

② 放样（LOFT）——是一种古老的造型方法。古希腊

的工匠们在造船时，为了确保船体的大小，通常是先制作出主要船体的横截面，再利用支架将船体固定进行装配。横截面在支架中逐层搭高，船体的外壳则蒙在横截面的外边缘平滑过渡。一般把横截面逐渐升高的过程称为放样。

放样法建模是截面图形（SHAPES）在一段路径（PATH）上形成的轨迹，截面图形和路径的相对方向取决于两者的法线方向。路径可以是封闭的，也可以是敞开的，但只能有一个起始点和终点，即路径不能是两段以上的曲线。所有的SHAPES物体皆可用来放样，当某一截面图形生成时其法线方向也随之确定，即在物体生成窗口垂直向外，放样时图形沿着法线方向从路径的起点向终点放样，对于封闭路径，法线向外时从起点逆时针放样，在选取图形的同时按住Ctrl键则图形反转法线放样。用法线方法判断放样的方向不仅复杂，而且容易出错，一个相对比较简单的方法就是在相应的窗口生成图形和路径，这样就可以不用考虑法线的因素。

(2)复合建模

复合物体是指各种建模类型的混合群体，也称组合形体，类似造型设计中体的相加相减。主要用到的软件功能有：

① 连接——由两个带有开放面的物体，通过开放面或空洞将其连接后组合成一个新的物体。连接的对象必须都有开放的面或空洞，就是两个对象连接的位置。

② 布尔运算——对两个或多个相交的物体进行并集、差集、交集的运算，从而产生另一个单独的新物体。

(3)可编辑多边形建模

可编辑多边形建模有 5 个子级对象层次的可编辑对象，这 5 个层次是：顶点、边、边界、多边形和元素。其用途类似于可编辑的网格对象，对于不同子对象层可将其作为多边形网格进行控制。利用编辑卷展栏中提供的选项，可以修改对象。

步骤一：从标准基本体中建立圆柱体，并调节其参数，将调节好的圆柱形通过点击右键转换成可编辑多边形，如图 7－8和图 7－9 所示。

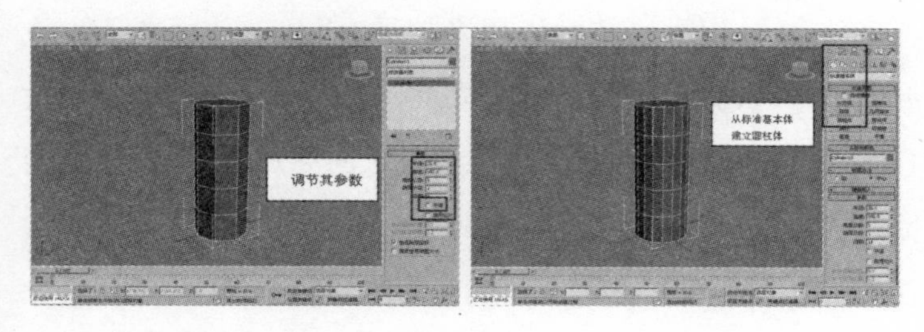

图 7－8　步骤一

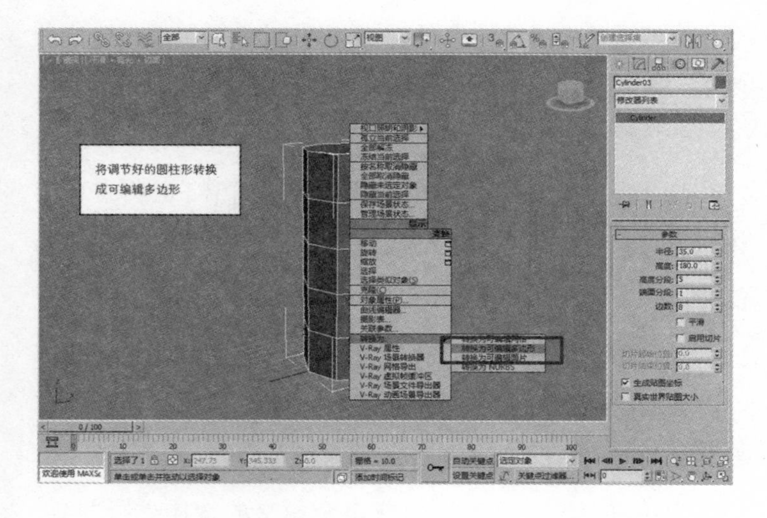

图 7－9　步骤一

步骤二:转换成可编辑的多边形后的效果,通过调节菜单里面的子命令,便可对其进行塑造、切割,以建成一个多边形的容器造型效果,如图 7-10 所示。

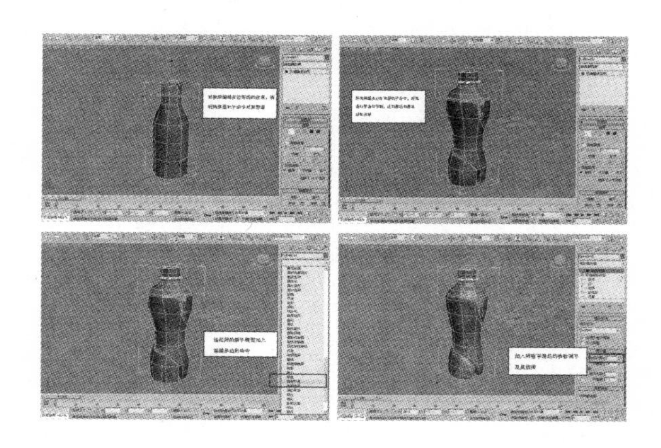

图 7-10 步骤二

步骤三:给选中的贴纸部分的多边形进行克隆分离,并加上网格平滑命令,调节其参数,给瓶身加上材质贴图,并给瓶子的其他部分赋予相应材质,如图 7-11 所示。

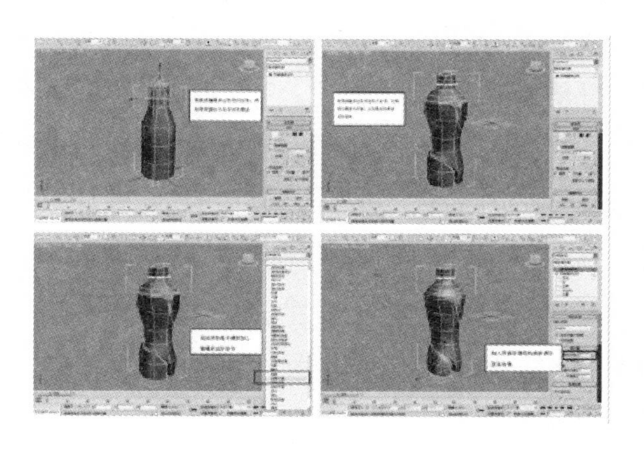

图 7-11 步骤三

步骤四：通过在VRay渲染器的设置区域上调节渲染参数，最终渲染出较为真实的效果图，如图7－12所示。

最后渲染效果

图7－12　步骤四

（4）NURBS高级建模

NURBS是一种非常便捷的建模方式，在高级三维软件当中都支持这种建模方式。NURBS能够比传统的网格建模方式更好地控制物体表面的曲线度，从而能够创建出更逼真、生动的造型。NURBS曲线和NURBS曲面在传统的制图领域是不存在的，是为使用计算机进行3D建模而专门建立的。在3D建模的内部空间用曲线和曲面来表现轮廓和外形。它们是用数学表达式构建的，NURBS数学表达式是一种复合体。

3．包装容器三维效果图的材质与贴图

包装容器三维效果图的材质与贴图是实现包装容器造型逼真效果的重要途径之一。3ds Max作为一种三维辅助

设计工具,在应用过程中,通常需要对设计制作的造型及纹理材质等进行反复的调整与修改,才能获得真实的效果。材质实际上是对象对所处环境中光线的反射或折射的反映,物体本身的颜色、质感、透光性、自发光、纹理等都由材质来表现。换而言之,也即是说材质让对象具有某种光学的特征并反映物体的本质属性。3ds Max 提供了多种可以包含其他材质的材质类型,或者特殊的材质类型,它们被统一称为复合材质。

贴图与材质是紧密联系的,对于贴图附材质要设定材质参数、指定贴图图案、贴图通道和贴图方式。贴图是通过三个步骤进行的:贴图坐标、贴入材质、物体的贴图。在包装容器造型设计中贴图一般包括两个方面:其一是对容器的材质肌理的贴图,其二是容器标签贴图。材质肌理的贴图可以直接应用软件自带的材质库进行附材质,通过材质编辑对话框进行参数的调节,便可以得到逼真的材质效果,长期从事于包装容器造型设计的设计师,可以通过建立各自常用的材质库以方便进行快速的材质编辑。包装标贴的贴图,是将设计好的标签导入到模型上,成为容器设计的一个构成部分,通常采用坐标贴图的方式进行。这种贴图方法可以灵活地将标贴附在所预设的位置,比二维设计软件 Photoshop 的贴图功能更加便捷、精准。

也可以使用 UVW Map 编辑修改器设定坐标贴图,它提供了调整贴图坐标类型、贴图大小、贴图的重复次数、贴图通道设置和贴图的对齐设置等功能。贴图的选择方式有平面、柱形、球形、收缩包裹、长方体、面、XYZ 到 UVW。

平面:该贴图以平面投影方式向对象上贴图。它适合于平面的表面,如纸和墙。

柱形:该贴图使用柱形投影方式向对象上贴图。像酒瓶、药瓶、柱形容器都适用于圆柱贴图。如图7-13所示,调节好未加贴图的外部材质,从文件加入位图,加入UVW贴图,在贴图类型中选择“柱形”,利用UVW贴图里的工具对贴图进行任意调节,以达到合适效果。

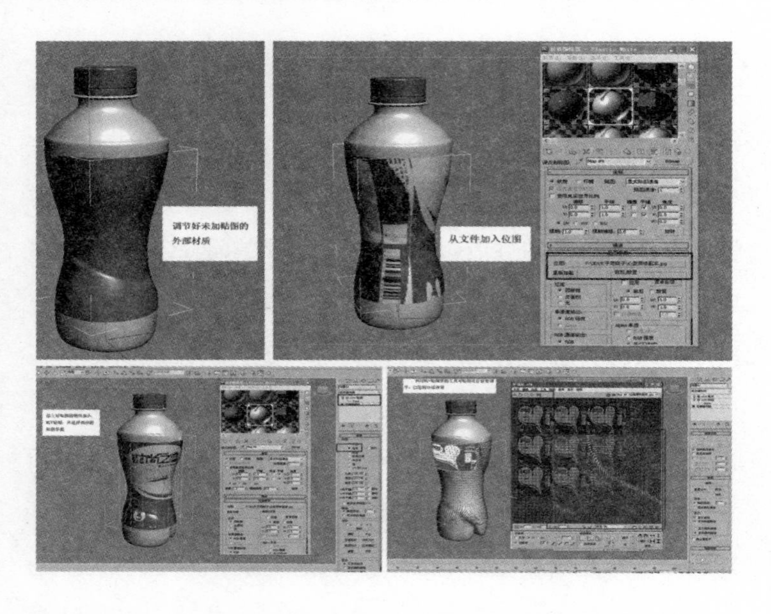

图7-13　柱形贴图

球形:该类型围绕对象以球形投影方式贴图,会产生接缝。在接缝处,贴图的边汇合在一起,顶点也有两个接点。

收缩包裹:像球形贴图一样,它使用球形方式向对象投影贴图。但是收缩包裹将贴图所有的角拉到一个点,消除了接缝。

长方体:长方体贴图以6个面的方式向对象投影。

面:该类型对对象的每一个面应用一个平面贴图。

XYZ到UVW:该类型贴图用于3D Maps。它使3D贴图"粘贴"在对象的表面上。

4. 渲染

在包装容器造型效果图制作中,渲染主要是将模型图经过计算机的处理,生成精美的效果图的过程。3ds Max等一类的三维软件,一般均自带有渲染器,提供对场景的渲染控制,渲染时可以设置渲染方式,从而对渲染的视图、渲染的物体进行控制。渲染类型对快速渲染和正常渲染都起作用[①]。利用渲染类型,可以设置需要渲染的部分,从而节省渲染时间提高电脑的运转效率。也可以在不同的设计阶段进行渲染,实现设计构思与出图同步。在3ds Max中有3种渲染方式即草图渲染、成品渲染、跟踪渲染,每种方式在渲染时间、计算方式上都有所不同,并且渲染的效果也存在很大的差别,最终的渲染效果,不但与材质相关,还与灯光有着很大的关系。在"五维一体"中,对于渲染器,一般采用专业的渲染器进行渲染。

① 周威:《玻璃包装容器造型设计》,印刷工业出版社,2009年,第159页。

(四)四维——包装容器虚拟展示设计

在"五维一体"设计理念中,我们为了更好地对包装容器造型设计进行全方位的展示,所以加入了四维的内容,我们将包装容器造型的虚拟展示定义为四维。前面我们提到了一维、二维以及三维包装容器造型设计,但是目前应用于包装容器造型设计中的软件大多停留在二维设计的层面,设计出的产品不直观，难以让用户立刻欣赏到成型后的产品效果，这将极大地制约着变化多样、丰富多彩的包装容器造型设计的最终展示。因此，我们采用虚拟现实建模语言VRML(Virtual Reality Modeling Language)对三维模型编辑动画展示效果，让用户能更直观地看到包装容器的各个部位的设计细节，可以加大产品的交互性和灵活性。

虚拟现实建模语言VRML是一种四维造型和渲染的图形描述语言，通过创建一个虚拟场景以达到现实中的效果，并且可以在网络中创建逼真的四维虚拟场景，改变了网络上2D画面的状态，实现了3D动画效果，特别是改变了网络与用户交互的局限性，使得人机交互更加灵活、方便，使得虚拟世界的真实性、交互性和动态性得到了更充分的体现[①]。

鉴于VRML完善的标准和不断成熟的技术，完全可以把VRML应用于包装设计工作中。为了更加逼真地描述真实环境，调整虚拟环境光源，可以在空间的任何位置以任何角度观看包装容器，并可以在空中动态地移动观察位置，这在VRML上实现起来非常方便，这也为用户全方位地欣赏包装装潢效果提供了极好的手段。

当前已经有众多印刷包装企业进入了网络化管理、电子商务阶段，许多订单通过网络即可进行交易，客户和企业不必到现场即可完成商务协议，而VRML技术所拥有的特点正为这种商务活动提供了操作平台。VRML文件可以通过任何文本编辑器来进行编写，保存时将其保存为后缀名是“Wrl”的文件即可。浏览VRML文件时，不需要任何昂贵的其他软件，如Microsoft的Internet Explorer 4.0或

① 申蔚，夏立文:《虚拟现实技术》，希望电子出版社，2002年，参见技术概论部分。

Netscape 的 Communicator 4.0 以上版本和 Cosmo 播放器等都可以通过自身集成的 VRML 浏览插件直接浏览 VRML 文件,如同浏览网页一般,这大大地节约了公司的运营成本。而且生成的 VRML 文件通常很小,一般只有几十 KB 大小,这也有利于网络传输。

虚拟现实技术与包装容器造型设计有机结合,不仅为我们创造出了对传统媒介形式来说不可能实现的视觉效果,而且还提供了一种全新的视觉体验,使得计算机数字技术与虚拟现实技术创造艺术得以实现,已远非其他设计手段所能比拟。虚拟现实技术与包装设计有机结合,创造出了一种有别于传统设计方法的全新的设计活动形式。运用虚拟现实技术设计的包装容器造型,不但可以达到商品的特殊性与艺术性的有机结合,而且可以把企业推向一个新的发展历程,迅速提高产品在国内外市场的占有率,使之在国内外激烈的市场竞争中永远立于不败之地。

(五)五维——网络交互设计

谈到网络游戏大家都不陌生,网络游戏就是将现实无法实现的场景通过虚拟网络进行二次演示,并且通过编程技术可以让使用者在这种虚拟的环境中进行亲身体验。本部分中所提到的"五维——网络交互设计",就是基于虚拟现实的基础之上,采用软件技术与互联网技术,将设计作品的容量单位文件的大小加以缩小,以适应目前的网络速度而进行的网络多媒体演示或者网络虚拟演示,以便于设计作品完成后的交流与展示。这种交流主要体现在两个方面:其一是设计师在完成包装设计以后与客户进行的一种交流；其二是指产品与它的使用者之间的互动。在传统的包装设计过程中，设计师与客户间的交流，或者最终产品与消费者间的交流，均需要进行多次面对面的交流，耗费了大量的时间，或不能很好地让使用者多角度地体验整个包装造型设计的细节，所以本部分所论及的交互设计即是为解决包装设计作品不能进行快速的交流与展示这一问题而特意添加的。

此外，值得注意的是，我们在“五维——网络交互设计”中还融入了现代物流管理的理念，使得我们设计的包装不但具有一般的保护产品、方便运输、促进消费的基本功能，更为重要的是，还可以提供一种现代物流管理的新功能，并且与目前的物流管理软件相融合，以实现现代设计管理的最终目标。例如超市货品的条形码扫描，但条形码只能反映出实物的代号、名称、价格等简单信息，对进货源、超市柜台的摆放位置、剩余数等信息却难以反馈。而将实物进行虚拟化交互管理后，我们能在计算机中模拟出整个超市的虚拟平台，及时反映出缺货和囤积的情况，还可以反映出人流量分布、货品摆放时间等信息，以便于管理者及时作出相应的反应。

综上所述，“五维一体”计算机辅助设计体系以高效、高速、高质量的特征和多元化的功能，较好地满足了现代包装容器造型设计所强调的一系列要求。这种手段，使复杂的学习与设计过程变得迅捷、简便，在包装容器造型设计中起到非常重要的作用。

第八章
包装容器材料质感设计与传达

在包装容器造型设计中，包装材料是构成包装造型且不依赖于人的意识而客观存在的物质，它构成了包装容器造型设计的物质基础。同时，材料除了具有满足商品包装的功能特性外，还具有某些特有的感知觉特性，这些特性与产品特征的表现、企业形象品牌的创立与推广有着直接或间接的联系。包装材料所具有的这些感知觉特性其实隐含着消费受众内心相对应的某种特定的情感需求。

随着时代和社会的发展，人们在物质享受日趋丰富的同时，已逐渐对仅满足物质需求的包装设计产生了厌倦，开始追求那种能够促进精神愉悦的包装设计。从这一个角度来讲，一个优秀的包装容器的造型设计应是材质与造型的有机组合，是形式与内容的和谐统一，是物质与精神的完美结合。因此，充分研究设计材料所体现出来的感知觉特性及其在包装容器造型设计中的传达与应用，已是现当代包装设计中的一个重要内容。基于以上几方面的意义，本章拟以材料自身的特点与人为加工的形式为切入点，对材料质感的设计及其在包装容器造型设计中的传达方式进行详细的阐述。

一、包装容器材料质感的概念

“质感”(Texture)是指人通过接触物体表面所产生的，在视觉与触觉上体现的真实感。依据这一认识，我们可以将包装容器材料质感设计的概念理解为对包装容器材料真实感的再现性设计。

材料质感是一种与材料本身有关的感官体验，是对材料本身的实体感觉，确切地说就是指材料作用于人的认知体验。它建立在生理基础上，是人们通过感觉器官对材料作出的综合印象。大量的事实表明，人们在与事物接触的过程中，会从感觉器官中得到大量的信息，诸如温度、湿度、味觉、嗅觉、光感、平衡感等，因此材料的感性信息可能会使消费者产生如优雅、颓废、寂寞、骄傲等心理感受，而这些心理感受都是设计师在设计过程中需要把握的。

消费受众对于包装容器材料质感的感受方式，按人们的心理感觉状况来分，可以总结为两大类：第一类为视觉感受，即受众通过对容器材料的视觉感知，所体现出来的真实感受；另外一类为触觉感受，即受众通过对包装容器的触觉感知，所体现出来的真实感受。这实质上就是材质带给人的一种感性的认知。产品的质感认知与经验价值有密切关联，即使没有触觉的接触，人们也可以通过视觉判断产生对物质性质和触觉感觉的判断。[①] 但材料质感的最初感受是由触觉引起的，因为只有在触觉感受之后才能获得经验，留下感知印象，继而影响之后的视觉判断。若将材料和质感作为两个个体来看，它们之间存在这样的联系：材料和质感互为表里，各

① 孙凌云，孙守迁，许佳颖：《产品材料质感意象模型的建立及其应用》，《浙江大学学报》(工学版)，2009年第2期。

种材料依靠质感来显露其面貌，也透过质感来表达材料的特性。换而言之，“质感就是指物体材料所呈现的色彩、光泽、纹理、粗细、厚薄、透明度等多种外在特性的综合表现”。[①]

① 杨启星:《感性意象约束的材料质感设计研究》，南京航空航天大学硕士学位论文，2007 年，第 22 页。

具体反映到包装容器造型设计上，包装材料的诸如粗糙、光滑、坚固等质感，可在不同的包装容器设计上起着相应的作用。例如铝箔具有金、银色光泽效果这一特殊的视觉感受，多用于表现商品的华丽与高贵感。而陶质材料表面相对粗糙，适宜于传统的诸如酒和土特产品包装的质地肌理的表现。就材料质感的这一作用来看，在容器造型设计中，熟练地掌握和运用材料的质感特点，是至关重要的。

二、包装容器材料质感的分类

材料质感从存在方式的角度来讲，可以分成自然材料质感与人工材料质感。自然材料质感顾名思义就是一种客观存在的，还原自然真实材质面貌的一种外观体现。如图8－1中所使用的包装材料稻草，就是对自然材质质感的一种真实塑造。

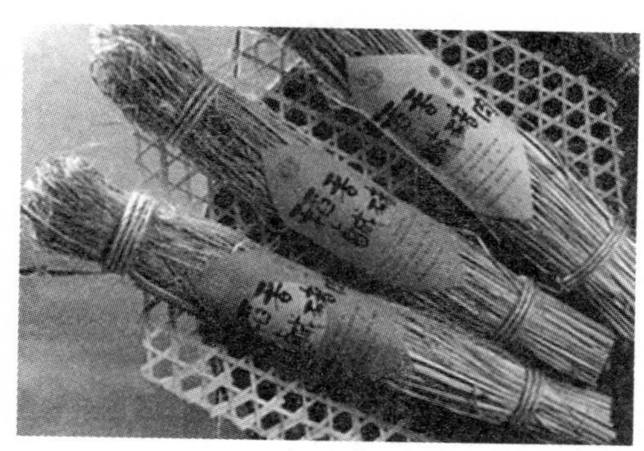

图 8－1　天然包装材料

材料的自然材质感是材料本身固有的质感，是材料的成分、物理化学特性和表面肌理等物面组织所显示的特征。一般而言，自然材料在视觉与触觉上给人的感受是质朴和亲切的，如皮革的温润与典雅、毛石的粗糙与厚重、木材的亲切与温馨、羽毛的柔软与轻盈，每一种材料所体现的质感都由其自身特性所决定。自然质感突出材料固有的自然特性，强调材料自身的美感，关注材料的天然性、真实性和价值性。

人工材料质感，是指人有目的地对材料表面进行技术性和艺术性加工处理，使其具有材料自身非固有的表面特征[①]。人工质感突出人为的工艺特性，强调工艺美和技术创造性（图 8－2）。人为加工材料依靠加工工艺，呈现出丰富多样的质感，如透明玻璃的晶莹剔透，磨砂玻璃的诗意朦胧，这些加工技法增添了艺术创作能够选择的材质效果。目前人工材料质感在现代包装设计领域中应用十分普遍，这与现当代材料表面处理技术的发展密不可分。具体来看，材料表面处理

① 杨启星：《感性意象约束的材料质感设计研究》，南京航空航天大学硕士学位论文，2007 年，第 22 页。

图 8－2 人工的材料

技术的运用,可使材料产生同材异质感和异材同质感,并获得丰富多彩的质感效果。按照人们对材料质感感受的途径不同,包装容器造型材质质感还可分为触觉材料质感与视觉材料质感。

触觉材料质感是人们通过手和皮肤接触材料而感知的材料表面的特性。触觉是人的一种特殊的反应形式,由运动感觉与皮肤感觉复合组成。一般而言,受众对材料质感的触觉体验是与材料表面的组织结构有关。诸如材料表面的坚硬度、密度、湿度以及黏度等物理性质,会给人带来不同的触觉体验。根据材料表面特性对触觉的刺激,受众对材质的触觉体验可分为愉悦触感和厌恶触感。相关的研究成果表明,人们一般易于接受细腻、柔软、温润、光洁、凉爽的感受,这些感受会使人产生舒适、愉快等良好的感官效果;而接触粗糙的物体表面,如未干的油漆、锈蚀的金属器件等,会产生粗、黏、涩、乱、脏等不愉快的心理反应,造成反感或厌恶不安。在现代包装容器设计中,合理地运用各种材料的触觉质感,不仅可以使包装容器实现防滑、易把握、使用舒适等适用性与宜人性的实用功能,更为关键的是通过不同肌理、质地材料的组合,可以丰富包装容器的造型语言,塑造包装的精神品味,达到包装多样性及创造全新的包装装潢风格等设计目的,进而带给消费受众更多的触觉感受。图 8-3 所示的泸州大曲的包装容器设计,采用陶瓷材料制作,重量感与造型相结合,给人以古朴笨拙的感受。同时,容器表面的纵向凹槽也起到了防滑的作用。

视觉材料质感是靠视觉来感知的材料表面特征,是材料被人视觉感受后经大脑综合处理所产生的一种对材料表面特征的感觉和印象。如图 8－4 所示的香水包装，虽然我们没有触碰到实体，却可以从图片中感受到它所采用的玻璃和金属的材料质感。在人的感觉系统中，视觉是捕捉外界信息能力最强的器官，人们通过视觉器官对外界进行了解。“当视觉器官受到刺激后会产生一系列的生理的和心理的反应，产生不同的情感意识”[①]。由此可见，材料对视觉器官的刺激因其表面特性的不同而决定了视觉感受的差异。换而言之，即材料表面不同的光泽、色彩、肌理和透明度等都会产生不同的视觉感受，如细腻感、粗糙感、均匀感、工整感、光洁感、透明感、素雅感、华丽感和自然感等。

① 江湘云:《设计材料及加工工艺》,北京理工大学出版社,2004 年,第 23 页。

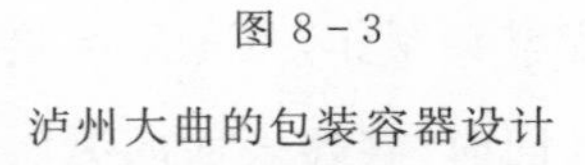

图 8－3
泸州大曲的包装容器设计

图 8－4
玻璃材质香水包装

材料的触觉感受相对于人的视觉感受而言是较为直接的，大部分触觉感受可以经过人的经验积累转化为视觉间接感受。对于已经熟悉的材料，即可根据以往的触觉经验通过视觉印象来判断该材料的材质，从而形成材料的视觉材料质感。既可以通过视觉来判断触觉感受，同时又可以通过触觉来检验视觉判断。相比之下，视觉材料质感则具有间接性、经验性、直觉性和遥测性等特性。根据这一特点，我们可以用各种表面装饰工艺手段，将视觉材料质感与触觉材料质感进行特点的互转。在包装容器造型设计中，形态感、色彩感和材质感共同形成了三大基本感觉要素，一般来说前两者是由视觉形成的，而材质感则主要是通过触觉和视觉两种感觉共同形成的。

三、包装容器材质质感设计的具体表现

（一）包装容器质感设计的视觉表现

1. 包装材料质感的色彩传达

色是光作用于人眼引起除形象以外的视觉特性。根据这一定义，色是一种物理刺激作用于人眼的视觉特性，而人的视觉特性是受大脑支配的一种心理反应。[①]由此不难看出，色彩感觉不仅与物体本来的色彩特性有关，而且还受时间、空间、外部状态以及该物体的周围环境的影响。同时，还受到作为审美主体——人的经历、记忆力和视觉灵敏度等各种因素的影响。可以说，不同的色彩传递给人不同的视觉信息，使受众产生不同的情绪和心理感受，从而回忆起各式各样的事物和情景，这种由于色彩的刺激而使人联想到和该色彩相关的某些事物和情景的现象，我们将其称之为色彩的情

① 过为：《色彩情绪的来源》，《湖南大学设计艺术学院科教文汇》（上旬刊），2008年第1期。

感联想。大自然的各种色彩使人产生不同的情绪，影响人的心境变化。

一般而言，人们有相当大的色彩共同性，这实际上是色彩的一种客观的倾向。俄国一位学者的研究表明：红色使人心理活动活跃；紫色使人有压抑的感觉；玫瑰色使人已经消沉或受到压抑的情绪振奋起来；蓝色可以使人镇静并可抑制人过于兴奋；绿色可以缓和人的紧张心理活动。总之，各种色彩都会给人的情绪带来一定的影响，并在一定程度上使人的心理活动发生变化。曾有心理学家就色彩与人的情绪之间的关系作了一项调查，充分说明了色彩是影响受众在审美过程中产生心理变化的重要因素。为了更好地说明这一问题，我们参阅相关研究成果，制定了一个简略的色彩与人的情绪之间的关系的表。如表 8－1 所示：

表 8－1　色彩与人的情绪关系表

红色	快乐、热情，使人情绪热烈、饱满，激发爱的情感
黄色	快乐、明亮，使人兴高采烈，充满喜悦之情
绿色	和平，使人的心里有安定、恬静、温和之感
蓝色	安静、凉爽、舒适之感，使人心胸开朗
灰色	郁闷、空虚、压抑
黑色	庄严、沮丧和悲哀
白色	素雅、纯洁、轻快之感

尽管人们对色彩的认知有一定的共性，但是色彩使人所产生的情感会受到人的生活经历、情感记忆、知识结构等方面的影响，也会因民族、年龄、性别而不同，同时还会因各人的性格、家庭环境、职业等产生差异。如少儿时期人们往往容易联

想到周围的动物、植物、食品等具体物品，而成年人则较多地联想到社会生活、工作中的抽象概念[①]。如表8－2所示：

① 汪田明:《浅析色彩的情感语言》,《株洲工学院学报》,2001年第2期。

表8－2　色彩的情感认知

	具象联想		抽象联想	
	少儿	青年	中年	老年
白色	雪、白纸	雪、白云	纯洁、清楚	洁白、神秘
红色	太阳、红苹果	血、红旗	热情、革命	热烈、危险
黄色	香蕉、菜花	柠檬、月	活泼、明快	光明、希望
白色	天空、水	海、天	理想、无限	平静、薄情
绿色	树叶、草坪	山林、树草	环保、新鲜	自然、和平
黑色	夜、头发	煤炭、夜晚	悲哀、神秘	严肃、死亡

在包装容器造型设计中，包装材料是色彩的物质载体，色彩则衬托出材料的质感，并在包装容器造型设计中发挥着重要的作用。因为容器设计中充分利用材料的色彩属性，不仅能增加包装容器的审美性，更为关键的是可以传递出企业和产品的相关信息和态度，从而引起受众的共鸣。但是包装材料的固有色彩在设计运用过程中往往会受到一定的限制，所以设计师需兼顾材料的固有色彩和人为色彩，在充分发挥材料固有色彩的美感属性的前提下，再根据审美需要增加人为色彩，应用对比、点缀等手法丰富其表现力。这是一种自然与人文元素在包装设计中的体现，也是设计师创造性思维的体现。不过为了更好地体现包装内在产品的某些特征和企业的企业文化，在进行包装容器造型设计及材质质感的选择过程中，会更多地运用人为色彩。因为容器材质色彩的可变更性能够扩大设计师的创意空间，而人为色彩有时也更能切合企业和产品的主题。很多设计师为了更准确地传达产

品的特点，经常增加包装容器的人为色彩，为产品添砖加瓦。如常见的颜料包装，其软管的颜色会设置成颜料的色彩，使人一目了然。

除上述以外，在包装容器造型设计中质感的色彩传达还要运用色彩规律将包装容器材料的色彩进行合适的组合和协调，来产生明度对比、色相对比、面积效应以及冷暖效应等，从而丰富和突出材料质感的色彩表现力。如化妆品和饮料的包装容器，多采用色彩相似的材料来组合。如图 8-5 所示的加拿大 Clearly Canadian 饮料容器造型设计，采用色彩相似的材料进行组合，材料的色彩与质感都给人以清爽的感觉。图 8-6 所示的容器包装在设计时被赋予了不同的色彩，而各异的视觉色彩给每个产品不同程度的物质真实感。年龄层次及文化水平的差异会使人对色彩产生不一样的反应和认知，这就能使消费者在第一时间作出适合自己的选择。

图 8-5　Clearly Canadian 饮料容器造型设计

图 8-6　Moure 甜味健康概念的化妆品新系列

2. 包装材料质感的肌理传达

肌理是指物体表面的组织纹理结构，即各种纵横交错、高低不平、粗糙平滑的纹理变化，是表达人对设计物表面纹理特征的感受。[①]肌理作为视觉艺术的一种基本语言形式，同色彩、线条一样具有造型和表达情感的功能。包装材料质感的肌理通常是通过材料表面的肌理形态情感进行传达的。不同形态的肌理或者相同形态的肌理的组合，都会产生多样的审美特征和个性形态，并影响消费受众的心理活动。这些丰富的肌理对包装容器整体造型美的塑造具有巨大的潜力，也给包装容器设计带来无限的多样性。

① 张佳:《设计随需而生》，《产品设计》，2007 年第 3 期。

肌理的感觉多是通过人的触觉行为予以传达。当然，有些肌理变化明显的材质也可以通过视觉的方式直接感知。在适当的光源下，视觉也可以感知起伏的触觉肌理。不论是以何种途径达到对肌理的感知，可以肯定的是，在包装容器造型设计中，合理选用材料肌理的组合形态，是获得包装容器整体协调的重要途径。

大量的设计实例表明，肌理通过不同的形式，可以产生多样的视觉效果。常用的方法有：对肌理形态的不同编排组合或对肌理的柔和处理。肌理形态通过各种不同的编排组合方式，可以产生有韵律有节奏的肌理排列效果，给人不同的触觉和视觉感受。就目前的设计实践和相关研究成果来看，肌理组织结构的编排方法主要有重复排列、渐变、单元的重复等。这些排列的方式可以使包装形成各自的风格，如细腻光亮的质面，反射光的能力强，会给人轻快、活泼、冰冷的感觉；平滑无光的质面，由于光反射量少，会给人含蓄、安静、质朴的感觉；粗糙有光的质面，由于反射光点多，会给人笨重、杂乱、沉重的感觉；而粗糙无光的质面，则会使人感到生动、稳重和悠远。

值得指出的是，当两种以上材料的肌理予以组合配置时，可通过运用鲜明肌理与隐蔽肌理、凹凸肌理与平面肌理、粗肌理与细肌理、横肌理与竖肌理等的对比，使包装容器的造型表面产生相互烘托、交相辉映的肌理美感。肌理的柔和处理，可以在视觉上使人愉悦平衡，获得柔和、亲切和舒适感。这种肌理的柔和处理方式，通常在女性化妆品包装容器造型设计上运用较多，可充分表现出被包装产品如同女性肌肤般的细腻质感，很好地将产品的属性精确地传达给消费受众，如图 8－7 所示的 Thymes 面霜包装设计。

此外，在包装容器造型设计过程中，丰富的肌理质感的获得，也可以通过不同材质的肌理特点来体现。如图 8－8 所示的饮料酒包装容器的肌理质感便是通过玻璃与水彩两种不同材质的肌理特点组合构成的。从该件包装来看，其玻

璃与水彩两种材质所表现出的视觉冲突，给消费受众带来了对肌理质感的矛盾感受与好奇心理。

图 8－7　Thymes 面霜包装设计

图 8－8　饮料酒包装设计

与此同时，材质质感也可以通过肌理的真实再现，传达出包装的语意。如图 8－9 所示的牛奶包装设计，通过天然材质的直观表达，来凸显产品纯净的特征。这种真实质感的表达方式，不仅能引起人们对材质质感在视觉认知上的共鸣，也将引人深思。

图 8-9　牛奶包装设计

包装的材质质感，除了可以起到装潢的作用外，还可直接通过内容物来表达产品的特征。如图 8-10 所示的蜂蜜包装，装潢简洁，完全是通过内装的蜂蜜，来突出包装容器的质感肌理。

图 8-10　蜂蜜包装

包装材料质感的肌理表达方式多样，既可以是直接的，也可以是间接的。不论是用哪种方式，其目的都是以包装材质的质感肌理，来凸显产品的属性特点，凸显销售卖点。

3. 包装材料质感的光泽传达

光泽是指物体表面定向选择反射的性质，具体表现为表面上呈现不同程度的亮斑或形成重叠于表面的物体的像。它主要由人的视觉来感受。

光是人类认识物质的先决条件。光不仅使材料呈现出各种颜色，还会使材料呈现出不同的光泽度。不管是设计包装容器，还是设计其他器物，作为设计师都应该根据不同的光泽感，选择不同的材料，设计过程中，甚至还应学会利用光，以使受众对材料产生不同的视觉感知。

反射材料受光后按反光特征不同，可分为镜面反光（定向反光）材料和漫反光材料。以上这两种材料都属于反射的两个极端状态，还有一种不是完全的漫反射表面，不过这种反射绝大多数出现在自然界物体中。

镜面反光是指光线在反射时带有某种明显的规律性。反光材料能反射全部的入射光，而且光线是从镜面反射角方向定向反射的。一般而言，镜面反光材料具有表面光滑、不透明的特性。众多事实和研究成果表明，不同的材料在不同的受光情况下，会有不同的效果。通常这种材料的运用都会给人一种清晰、纯净、高雅、尖锐、干脆、生动、活泼的感觉。如陶瓷酒瓶、彩色玻璃香水瓶、包装容器金属盖等受光后明暗对比强烈、高光反光明显，这类材料因反射周围景物，自身的材料特性一般较难全面反映。

漫反光是指光线在反射时反射光呈三百六十度方向扩散，简单地说，就是把入射光以同等亮度朝各个方向反射。漫反光材料通常不透明，表面颗粒组织无规律，呈现粗糙感，或是其表面看起来似乎平滑，但用放大镜仔细观察，就会看到其表面呈现凹凸不平的微颗粒，这类物体在受光后明暗转折层次丰富，高光反光微弱，为无光或亚光。如木制容器、竹酒桶、粗陶酒瓶、磨砂玻璃香水瓶等（或者是竹木制品、陶器、磨砂玻璃等），这类材料则以反映自身材料特性为主，给人以质朴、柔和、含蓄、安静、平稳的感觉[①]。如图 8－11 所示的 Virgin Vie 香水的包装容器，巧妙利用玻璃的磨砂质感，有效地装饰了瓶身，从而使包装容器呈现出既亲切又内敛的气质。

① 张锡：《设计材料与加工工艺》，化学工业出版社，2004 年，第 27 页。

图 8－11　Virgin Vie 香水的包装

反光材质的组合设计与肌理设计一样遵循材料形式美感法则。相似的透光和反光材料的组合设计，使包装容器避免了呆板，而呈现出和谐、温和、亲切的视觉感受。对比的透光和反光材料对应不同的包装容器设计语意，能够区分产品的不同部分、结构、功能。例如“一生之火”香水的包装容器设计，采用了最新的 PCTA 强化塑料材质，这种材料较玻璃色泽更加温和、透明、真实。通过加工，将里外的对比度拉开以产生层次感，并实现了透光与反光的完美结合，产生了全新的视觉美感。

为了与顶级珍酿相得益彰，轩尼诗特别邀请意大利著名设计师 Ferruccio Laviani 设计了一款以纯金和阳光为彩衣的艺术酒瓶（图 8 - 12），使干邑的光芒格外出色。通过质感的金色光泽，来象征太阳般的永恒和光芒，而它自古以来一直是权力和神圣的象征。酒瓶以光线雕琢，引领观者升华至更高的精神境界，同时体现了干邑圆润、性感的韵味。璀璨的金光，向来被视为皇者的化身，蕴含着天地万物的能量及

图 8 - 12　Ferruccio Laviani 艺术酒瓶

奥秘，高雅的酒瓶也令人联想到手工雕制的古董香水瓶，其设计师 Ferruccio Laviani 解释道："边角浑圆的金色长方框围绕着酒瓶，其宛若的曲线，让瓶身的轮廓分外优美。"瓶盖冠饰盖上印记，与轩尼诗全手工精酿的悠久传统犹如天作之合。

（二）包装容器质感设计的触觉表现

包装容器质感方面的手感表达，主要是以包装材料质感的质地与包装材料的肌理为媒介，通过人手的接触，以获得直观的触觉感受。

1. 包装材料质感的质地传达

"质地"通常指的是某种材料的结构、性质、软硬等。质地是材料的本质特征之一，主要由材料自身的分子组成，由内在结构与物理化学特性来体现，表现为材料的软硬、粗细、冷暖、轻重等。材料质地描述的是材料自身的固有品格，未经加工的天然材料，如稻草、竹子及动物毛皮等所呈现的是天然的材料质地；经切割、打磨、刻画、抛光等加工的木材、石材等所呈现的是加工而成的材料质地。

包装材料质地的传达并非是单纯地利用材料固有的质地美，而是通过适当的物理加工处理，可以在保留包装材料固有的自然质地的基础上产生多样性的变化，使其具有明显的装饰性。与此同时，还可以通过对包装材料质地表面的肌理进行破坏性的化学加工处理，制造出新的质感或类似其他材料的质感，使不同的材质有统一的质感。如木材与金属，通过做不透明的油漆涂装工艺处理产生完全一致的新的漆面质地。

时尚界的新锐品牌——瑞德·克拉考夫（Reed Krakoff，图 8－13）的一套限量版香水包装设计，利用对香水瓶身的处理，使瓶身表现出与众不同的色泽和质感。这套限量版香水包装设计采用了天然材料质地和加工质地两者的结合，呈现出完全耳目一新的感觉。

图 8－13　Reed Krakoff 限量版香水包装设计

2. 包装材料质感的手感传达

包装材料质感的手感传达，实际上是通过人对容器瓶的直接接触，对包装材料所感知出的一种真实度，以及认知的语意符号语言。我们知道，包装容器按材料分类，可以分为木材质、玻璃材质、铜铁材质、塑料材质以及综合材质等。对上述这几类材质的包装容器，消费者的触觉感知有很大的不同。例如，纤维材质的包装，让人感受到材质的细腻与柔软，同时也能使人感受到被包装产品的自然清新。

就某种角度而言，在包装容器造型设计中选择合适的材质，可使人在触碰后感受到包装的核心主题。例如：啤酒的包装容器，我们通常会选择玻璃为它的材质，当消费受众在触碰后，它传达出了啤酒饮料那种清爽的感觉；茶叶包装，我们通常会选择原木作为它的包装容器，这是因为当人手触碰后，它更能传达出与产品本身所具有的那种自然、清新相匹配的感觉。如图 8－14 所示的通过拼贴重组创造出来的2009 绝对伏特加摇滚限量装，所要传达的是一份摇滚世界里的绝对、真我的精神片段和意象。它的表达除了装饰上的摇滚元素以及现代的构成外，对于铆钉及皮质材质的选择与结合也是一大创新，可以说，接触后给人以十足的摇滚风范。

图 8－14　2009 绝对伏特加摇滚限量装

在器物的手感设计上，不得不提的是日本。因为日本的设计师们设计了大量与此相关的实际案例，从日本的众多容器设计案例和相关研究成果来看，他们十分注重顺乎材料本身的态度。在《日本的手感设计》一书中这样写道："日本设计最重要的特质即是和谐，而万物有灵论的认知，更使日本的手工艺技巧注重由平凡无奇的材料，发掘其真性情，甚至是借由手感形塑一种不为人知的面貌与风情，这就是工匠们慧眼独具之处，能够将平凡无奇的材料，通过手作的精湛技巧提升至物灵的层次。"[①] 面对已经接近完美的日本器物造型形式，器物在物灵上已经接近尽头。而日本的手感设计并未放弃增进的后空间，他们更是运用"缺"、"拙"的意境手法，使手感的创作更富有生命的张力，文中称之为"这是一种从反作用力所推挤出来的'间'的美，也充分地传达了'余、厚、浓'的创作意境"[②]。

① 李佩玲:《日本的手感设计》，上海人民美术出版社，2011年，第18页。

② 李佩玲:《日本的手感设计》，上海人民美术出版社，2011年，第32～33页。

（三）包装材料质感的意象语意传达

所谓意象，就是客观物象经过创作主体独特的情感活动而创造出来的一种艺术形象。

设计意象可按其表现性质分为"象征性意象"、"功能性意象"和"抽象性意象"三种表现形态。而在这三者中，"象征性意象"表现形态是设计艺术的最基本的表现形态。这种性质的意象，一方面反映出知觉上的情景交融和艺术形式蕴涵的象征意义，另一方面也体现出设计主体的创造意识与审美品质；"功能性意象"表现形态所突出显现的则是认知、审美和实用性的统一；"抽象性意象"表现形态主要是指创造有意味的符号或形式，以及人造符号（形、色、质、肌理）按设计师独特的个人方式组合成的作品整体。

包装容器设计作为一种造型的设计艺术，是设计主体的主观情意同客观物象的融合体。所以，设计意象一般具有寓意性、形象性、情感性和审美性四大特征。

包装容器作为一种符号的象征，可以通过包装容器的造型形态来传达，也可以通过包装材料的质感予以传达。材料的意象寓意则需要通过人的主观意识来反映。人们在接触或者看到材料之后，将经验与所接触到的材质的物理特性相融合，经由感觉和知觉综合分析产生感受，即不同的意象。一般说来，对于人们脑海中储存的经验信息，在没有看见材料时，不同质地的材料都会使人产生各自不同的一般感受，所以设计师在运用材料时应该巧妙选择材料来表达容器的某种特性或产品的属性。

按照材料的物理特性进行具体分类，我们可将感性意象的表达分为感受性和感觉性。根据材料的物理特性，有研究者从心理学角度，做了相关的研究与统计，归纳出了人们对不同特性的材料能够产生哪些不同的感觉和感受，如表8－3所示：

表8－3　材料的典型感觉意象描述

<table>
<tr><th>物理／意象</th><th>硬度感性</th><th>温度</th><th>湿度</th><th>体积</th><th>重量</th><th>弹性</th><th>表层结构</th><th>表层密度</th><th>透明度</th></tr>
<tr><td rowspan="4">感觉性</td><td rowspan="3">压缩感</td><td rowspan="4">温度感</td><td rowspan="4">湿度感</td><td rowspan="4">量感</td><td rowspan="4">重量感</td><td>座曲感</td><td>摩擦感</td><td rowspan="4">疏密感</td><td rowspan="4">透明感</td></tr>
<tr><td>复原感</td><td>凹凸感</td></tr>
<tr><td rowspan="2">伸展感</td><td>起毛感</td></tr>
<tr><td>抵抗感</td><td>光泽感</td></tr>
<tr><td rowspan="4">感受性</td><td rowspan="2">柔软的—坚硬的</td><td rowspan="4">冰冷的—温暖的</td><td rowspan="4">干燥的—潮湿的</td><td rowspan="4">厚重的—轻薄的</td><td rowspan="4">重量的—轻量的</td><td>易弯曲的—难弯曲的</td><td>擦痕的—平滑的</td><td rowspan="4">细致—粗略的</td><td rowspan="4">穿透的—不穿透的</td></tr>
<tr><td>张力的—萎垂的</td><td>凹凸的—平坦的</td></tr>
<tr><td rowspan="2">强壮的—软弱的</td><td rowspan="2">易延伸的—难延伸的</td><td>起毛的—不起毛的</td></tr>
<tr><td>光泽的—无光泽的</td></tr>
</table>

材料的质感应用与包装容器紧密联系，有意味的质感能引发人的联想，丰富包装容器的文化内涵；趣味性地运用材料的质感，也会给包装容器带来意想不到的效果，合理选择

并运用具有特定质感的材料，不但会使包装容器更好地满足包装的实用功能，而且还能够增强包装容器的货架展示效应，给人以不同的视觉感受。多种不同质感的材料经加工组合成一个完整的包装容器之后，其质感就不再是我们所见材料的表象，而是升华到“同中求异”、“异中求同”的整体质感的审美之上了。尽管材料的质感不会对包装容器结构产生重大的影响，但是其特有的肌理和质地会对消费者的感官产生较强的感染力，从而使人们产生丰富的心理感受。

包装材料质感的意象语意的传达，实质上是一种包装容器材料给人的综合感受，它建立在包装材料的色彩、肌理、光泽、质地这几个方面的基础之上，并且影响着包装材料质感的意向语意传达。

因此，作为专业工作者，在进行包装容器造型设计时，要充分了解包装容器材料的物性，把握材料质感设计与传达，使包装容器设计表现出新的风采与品质。

第九章
包装容器开启方式设计

包装的密封是产品在生产者手中的最后一个环节，而包装的开启则是产品到达消费者手中的第一个环节，所以包装的开启是连接消费者与产品、商家与消费者的重要纽带，是消费者对包装内装物从未知到已知的心理变化过程的一个关键部分。在很大程度上包装开启方式设计的成功与否直接影响到产品的销售与品牌的塑造。

通常，按照人们的理解，包装的开启无非就是将密封的包装，通过实施一定的方式和手段将其打开的一个简单过程，但事实上这个简单过程的背后，却涉及不同的人、不同的场合、不同的时代背景等诸多因素。因为不同的人对事物的认知千差万别，而且同一个人在不同的时间、地点、场合中也有着不同的情感体验，这就导致了开启方式设计的复杂性。从人类社会发展过程中所表现出的历史规律来看，满足人的个性需求和体现人文关怀，是体现人性化生产、生活方式的要求。包装作为美化人的生产、生活行为和方式的重要方面，其开启方式首先是建立在密封方式的功能性基础之上的，但衡量其人性化的程度则是同与开启方式有关的本体、客体以及所置人的关系场密切相关的。因此，对不同消费者的生理、心理上的差别，开启的场合和开启的时间等多种因素，以及导致他们在包装开启瞬间不同的情感需求过程的细节进行研究，探索出适合不同情感体验下的包装开启方式设计的方法，是当代包装容器设计不可回避、亟需要解决的问题。

再者，现有的包装设计大多是一种本能层次的设计，即是对包装造型、装潢等视觉方面的设计，以迎合消费者感观心意的表层设计。随着计算机、软件等技术条件的发展，这样的设计极容易发展到形式的极致。因此，要想更大程度地提高设计的可发展空间，我们必须要打破传统包装设计的模式，即改变聚焦在本能层次上的设计，以使包装设计提升到更高的层次——行为层次的设计，即通过对消费者行为活动的研究，从而获得其潜在的消费动力。而包装的开启是人们在接触包装过程中的主要行为活动，通过对包装开启方式的行为进行研究、分析，并结合每一个开启步骤中的心理及情感的体验对包装设计进行改进，这样可以为包装设计水平的再提升，寻找到一个新的发展空间。这些方面的研究都是建立在对包装开启的主体、客体以及它们之间关系的认识的基础之上。

针对发现的设计问题，本章主要采用个案法对包装容器的客体部分进行研究，探究人的生理、心理、文化的差异对包装开启方式的不同需求，以及在这种需求下对包装开启方式功能的需要；另外，在心理学基础上深入分析人打开包装时的情感变化过程，力图阐明对包装开启方式的设计即是对人的行为、情感分解和物化的再设计这一核心观点。最后，在"事理"部分，对这几种"理"的关系进行论述，阐释"形神兼备”、“物我合一”、“情景交融”等几种和谐设计理念在包装开启方式设计中的体现。

我们认为成功的包装开启方式设计是在满足主体需求的同时，最大限度地克服客体以及它们所处的关系场的各种客观因素的限制，实现最终目的的结果，也是“人理、物理、事理、情理”高度和谐的结果。

一、包装容器开启方式的物化分类

包装开启方式是一种动作与行为的惯性体组合，通常在我们开启包装的时候，一般用动作来形容包装开启的方式，如解、撕、拔、扭、拉、转、拉拔、按拔、拉转等等，本章对包装开启方式的研究主要是将这些开启动作通过物化的形式影射到开启装置的设计之上去研究。

根据形态的不同，我们可以将包装分为四类：瓶、盒、袋、软管。这四类包装对开启方式的形式都有着不同的要求。瓶类开启方式是以瓶盖为载体的开启结构去实现其开启功能；盒类的包装开启一般以盒盖去表现，而袋子的开启方式则是一种密封形式，一般没有开启装置，但是随着需求的增加，很多袋子上也加装了开启装置，以便于开启后的重复密封使用；软管的包装开启方式具有单一性，这是由于其包装体的局限性所导致的。所以本章对包装开启方式的研究主要是基于瓶子容器类的包装开启装置（瓶盖）设计，以及一些特殊方式的包装开启装置设计。

瓶盖和容器盖是包装密封系统的重要组成部分，也是瓶类包装开启方式的物质体现，对包装效果与功能起着关键的作用。随着新型产品的诞生和包装技术的发展，市场上的包装容器以及瓶盖的类型也越来越多，瓶盖的设计必须与容器的各个方面的因素以及产品的使用方法相匹配。瓶盖的分类方法很多，但我们主要是根据开启方式的不同，以及通过不同的开启方式映射到对盖的功能要求的不同，将包装盖归纳为几个大类：普通密封盖、方便盖、显窃启盖（防偷换）盖、儿童安全盖、智能盖和其他专用盖几种。

（一）普通密封盖

密封盖是针对一些容易外溢或挥发性强的液态、气态和固态内装物而设计的可以密封且保质的包装。包括普通的螺旋盖、真空密封用的螺旋盖、凸耳盖、压合盖、和含气饮料容器相配的王冠盖及滚压盖等。这类瓶盖的主要作用有两个方面：一是在产品生产中完成对包装容器的封合；二是在消费者使用产品时确保开启与重复封闭的方便性与有效性。

1. 普通螺旋盖

普通螺旋盖是裙部内（外）表面开有连续螺纹的圆柱形瓶盖。其螺纹大多为阴螺纹，通过模型（塑料盖）或滚压（金属盖）成型。螺旋盖的阴螺纹与瓶口的阳螺纹啮合后可形成牢固的密封效果。通常这类螺旋盖，无论是用人工或机械工具都能提供足够的扭矩，形成有效的密封作用，且人们在使用这类瓶盖时反复开启与闭合都很方便，所以这种盖成为目前市场上最为广泛使用的一种形式。我们在后文将要阐述的带有诸多特殊性能的盖的生产都是在这种盖的基础上所进行的功能和结构的改进设计。

2. 快旋盖

所谓快旋盖的“快”旋,即打开这类包装盖,无需像普通的包装盖一样,必须旋转很多圈才能打开,而快旋盖只需要旋转 1/4 圈即可旋上或旋下。这类盖因利用盖上的凸耳与瓶口阳螺纹啮合,故也称凸耳盖。按材料的不同,我们又可以将快旋盖分为金属盖和塑料盖两种。一般来说,金属快旋(凸耳)盖被广泛应用于玻璃瓶真空包装。从目前快旋盖的使用范围来看,基本上是用于口径较大、瓶盖的进深较小的一些包装容器之上,与一般的螺旋盖相比较这种快旋盖虽然可以快速达到开启的目的,但是对密封的要求比一般的螺旋盖要高,所以在打开包装盖时也不易像一般的螺旋盖容易打开,有时还会出现难以开启的情况。

3. 滚压盖

滚压盖从造型上可以设计成不同的形式,普通滚压盖是用延展性良好的金属材料制成的螺纹盖。其封盖方法较特殊:先把加有内衬垫的盖坯(尚未压出螺纹)套在瓶口上,由专门的滚压上盖机垂直加压,使顶部内衬压紧于瓶口上面,形成瓶口密封。然后,上盖机的压辊紧靠在盖坯裙部,瓶子自转,压辊顺着瓶口螺纹在瓶盖上滚压出相啮合的螺纹。根据功能、形式的需求还衍生出滚压防盗盖、长帽盖、带式盖和双帽盖。

滚压防盗盖简称防盗盖,其特殊之处是瓶盖裙部下段有一锁圈(或称防盗环)。其设计原理是,当密封时将扭断瓶盖与防盗环之间的“桥点”连为一体,而打开时就将盖的裙底与瓶口固定部分分开,防盗环就滞留于瓶颈处。运用这种瓶盖的开启方式,可以达到防盗的效果。

图 9-1 滚压盖

长帽盖裙部特别长（图 9-1），在酒类包装上使用较多，除了使密封性加强外，还使包装外观更加修长优美，更具典雅格调。这类盖也可以在包装的盖部加上扭断线，以达到防伪效果。

带式盖将滚压防窃启盖的扭断线改为两道刻痕线，线的始端为一舌片。开盖时先拉动舌片，使之与瓶盖逐渐沿刻痕呈带状断裂，其开启原理类似于易拉罐。

双帽盖以扭断线为界分为上下两部分，上部有与普通滚压盖一样的右旋螺纹，下部为左旋螺纹。这种瓶盖用于葡萄酒较多。此瓶盖的装饰效果很好，但瓶口密封处同时设置两种螺纹，使生产成本增加，可以用于一些特殊的容器上。

4. 王冠盖

王冠盖发明于 1892 年，应用历史悠久。几乎所有啤酒和碳酸饮料都采用王冠盖。这种盖封盖时短裙部被压折到瓶口上缘锁环处，与之牢牢扣合。开启时用专用扳手可撬开瓶盖。如图 9-2 所示的这种包装盖具有很强的密封性，但是

图 9-2 王冠盖

在开启这种包装盖的时候需要借助专门的开启工具。

（二）方便盖

方便盖是满足粉末、片状、颗粒状、液体、气液混合体类的内容物使用时的特殊要求——如流出量可控制、易挤出、易倾倒、可淋洒、可喷雾等。主要有倾倒盖、分配盖、涂敷盖、喷雾盖等类型。

1. 倾倒盖

倾倒盖是为方便或适量倒出内装物而设计的包装。有固定式倾倒盖、运动式倾倒盖、塞孔盖等，还有与其他类型的瓶盖相结合而设计的倾倒盖。固定式倾倒盖是在螺旋盖的中心设计一个圆形的或锥形的突出管嘴。运动式倾倒盖（图 9－3），可以作旋转、推拉、扭开等动作，然后再开启瓶盖将内装物倒出。塞孔盖（图 9－4），广泛用于洗浴用品，它包括一个开有倾斜孔的螺旋盖和一个用塑料铰链与螺旋盖相连的带有小塞（销）的浅顶盖。其他方便型倾倒盖，与瓶口相配，主要起倾倒流畅与防滴漏的功能。密封则用相配的螺旋盖或螺塞完成。这些方便盖从某种意义上讲已经具备了一定的方便功能，在很多时候起到了方便消费者使用的目的，特别是对倒出量的控制，所以这种盖多被应用于药物的包装之上。但是这种包装盖因为要实现重复的开启，需要对二次密封做严格的要求，所以在设计的时候要严格按照内装物的性质，以及开启的对象进行定位，否则效果会适得其反。

图 9－3　倾倒盖

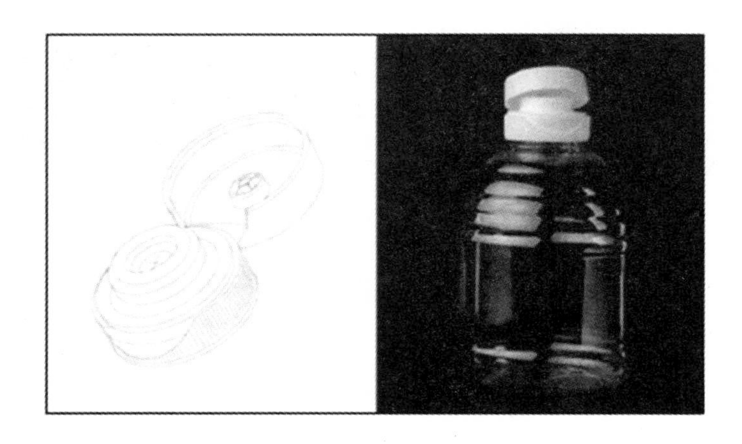

图 9－4　塞孔盖

2. 分配盖

分配盖也称为分流盖，可以方便地调节液体、粉末、片状、颗粒状内容物的输出（流出）速度与输出（流）量。

一般可在螺旋盖或压合盖上配以调节装置及元件，有固体分配盖和泵压式喷雾盖之分。固体分配盖（图 9－5），一般用于粉末、细小颗粒类产品的均匀而适量地倒出。一般的家用爽身粉罐或盒都使用分配盖。分配盖通常由内外盖相套。泵压式喷雾盖(图 9－6),是基于机械泵的工作原理,可使内容物以较细的雾珠喷出。雾滴的直径取决于计量筒终端的喷射小孔的直径与形状。已被广泛用于家庭卫生用品的包装容器上。它的特点是所使用的按压手柄兼作液体的流出管,结构紧凑,使用方便,还可回收复用。

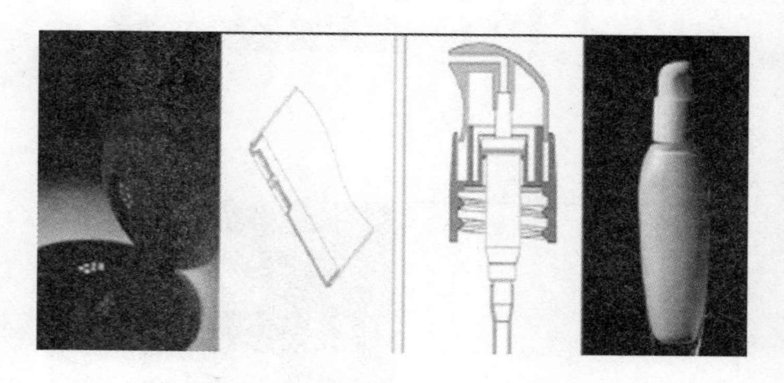

图 9－5　固体分配盖　　　　图 9－6　泵压式喷雾盖

3. 涂敷盖

涂敷盖外形同一般的螺旋瓶盖相似,但盖内中央连有涂抹刷或涂抹杆,后者头部还附有泡沫塑料、棉、毡等材料。涂敷盖主要用于涂抹粉状、膏状化妆品或其他家用化妆品。按照使用方法的不同可以分为以下两类:

滴管盖(图 9－7),上部带有一个弹性球,下连玻璃或塑料滴管。滴管有直型、弯型或带刻度型,用于液体药品滴注或精确计量。涂敷盖(图 9－8),主要用于例如祛臭剂、止痒水、皮鞋油等需要均匀涂敷于皮肤或其他表面的产品。

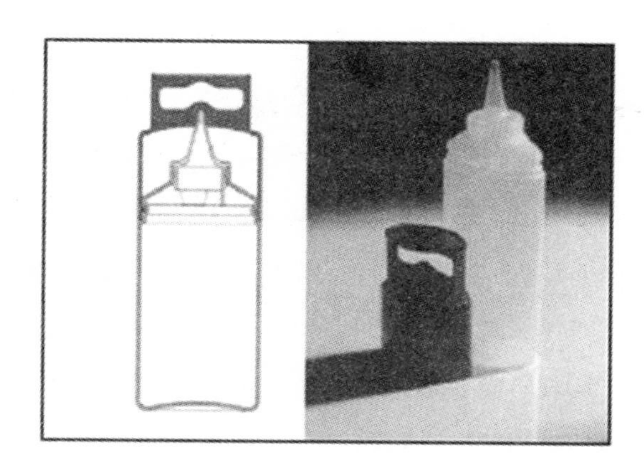

图 9-7　滴管盖

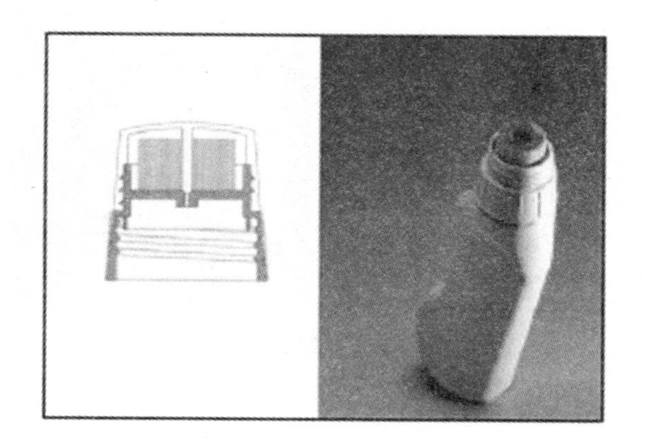

图 9-8　涂敷盖

(三)显窃启(防偷换)盖

显窃启是为防止偷换或重复利用而设计的包装,主要有扭断式显窃启盖、撕拉箍式防偷换盖、内封撕开式组合盖、防窃启多封点密封盖、热封膜防偷换盖、真空盖、不可重灌瓶盖等几种。

扭断式防偷换或显窃启盖有金属和塑料两种材料，普通密封与压力密封都可使用。防偷换窃启的原理与金属滚压防盗盖基本相同，不同的是盖裙部锁圈内设计有棘齿与瓶颈加强环上的棘齿相啮合，起到止动作用。当用力扭动瓶盖时，盖与锁圈的连接“桥”断开，锁圈留在瓶颈上，最典型的就是木糖醇的包装盖。

撕拉箍式防偷换盖（图 9－9），有一个可阻止盖转动或拔下的锁箍（圈），要开启瓶盖，必须先撕去此锁。

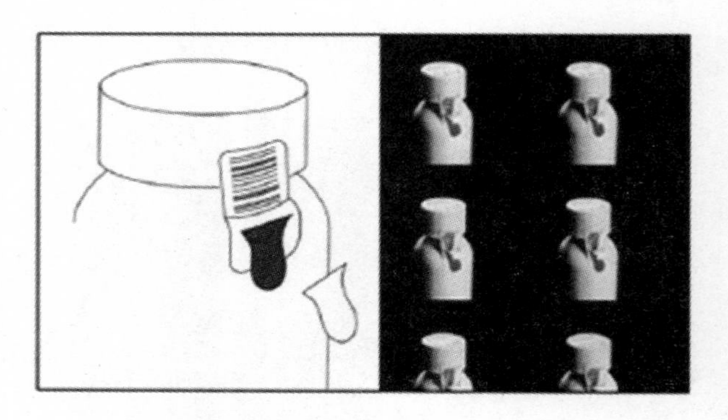

图 9－9　撕拉箍式防偷换盖

通常在锁的始端要做出一个明显的撕拉舌，以方便于消费者撕拉式开启。

内封撕开式组合盖（图 9－10），已广泛应用于容量较大的油类产品容器上。它由盖座与顶盖组成，顶盖可以是螺旋盖，也可以是扣合盖，盖座的上部为带拉环的全封膜，下部为弹性锁合结构，与容器口部锁紧配合。使用时先打开顶盖，再勾住拉环撕开盖座的全封膜，可倒出内装物。

防窃启多封点密封盖是一种用于内装试剂类化学品玻璃瓶的多封点防窃启盖。试剂类产品要反复使用，得到了极好的保存密封性。热封膜防偷换盖是为了防止内装物被偷换,除了采用金属或塑料的有显窃启作用的螺旋外盖,还采用瓶口全封薄膜(复合铝箔)。真空盖其瓶盖可以是一般凸耳盖或螺旋盖。此瓶盖的顶部有一个纽扣或硬币大小的区域,其鼓起或凹下可表示瓶内的真空度。当开启瓶盖失去真空时,原来在瓶内真空作用下凹陷的部分会自然弹起,并发出"砰"的声音。还有一种撕拉箍式真空盖,其瓶盖由两部分组成:一个金属真空盖元件嵌入一个塑料撕拉箍的侧裙中。

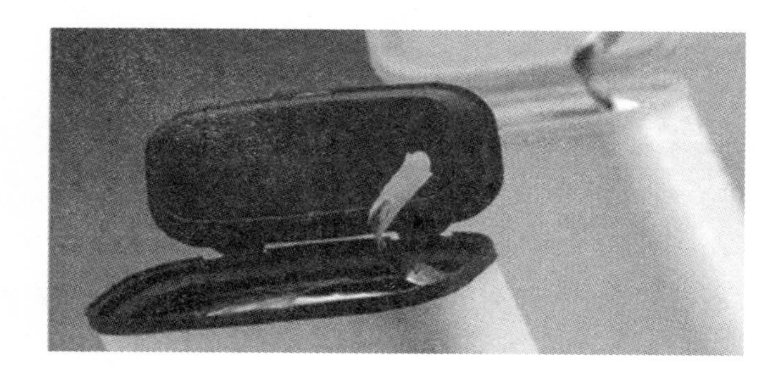

图 9-10 内封撕开式组合盖

(四)儿童安全盖

设计儿童安全盖的目的是从包装结构上防止 5 岁以下的普通儿童在某一段规定时间内打开包装物,以避免儿童因误服某些药物、家用化学品及化工产品而损害健康甚至危及生命的事故。尽管如此,在设计儿童安全盖时还应该尽可能不妨碍老年人、智障人、肢残人打开与使用该包装。目前,市场上出现的儿童安全瓶盖的形式较多,大致有以下结构形式:

压—旋盖(图 9－11),这种盖开启时需要两个力(压力和扭力),即在用力下压的条件下旋转瓶盖。开启原理是:用力下压外盖,外盖上的棘爪与内盖上的棘齿啮合,转动外盖,带动内盖同时旋转,内外盖就能一起被旋下。

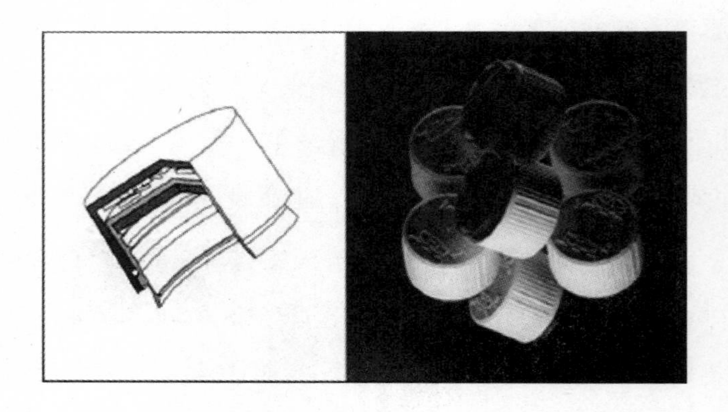

图 9－11　压—旋盖

拉拔式是一种新型拉拔盖(图 9－12)。要开启瓶盖必须同时满足两个条件:(1)外盖下部的突舌要对准瓶颈凸缘的缺口;(2)随后,用力拉拔外盖使内塞退出瓶口,否则,难以打开瓶盖。

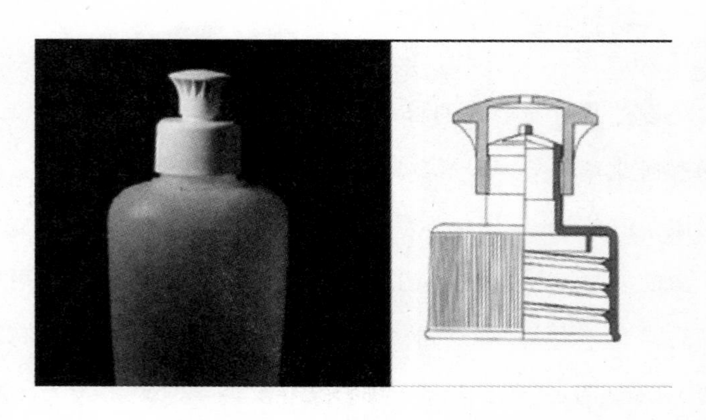

图 9－12　拉拔盖

暗码盖是整个瓶盖由上下两个相互联系的部件——上盖和盖座组成。只有当上下两部分的标志点对准后，上盖才能被撬开。这种包装盖在使用的时候最容易出现的问题就是，如果老年人手脚不灵便，便很难将上下盖对齐。

压一拔盖只有在向下压时才能松开瓶盖边缘的抓环，然后提拔开启。其特点是瓶盖裙部有一个弹簧锁，该弹簧锁位于竖直位置时难以开启，但若将盖向下按压，使弹簧锁被压下，再向上掀盖，则容易打开，开启后盖仍留在瓶上。

锁扣式铰链盖，其结构特点是通过一锁合凸片与搭扣凸片的组合使顶盖不能随便翻起。若要开盖，必须先推开盖顶上的锁合凸片才能开启铰链盖。此外，铰链盖内部与盖体吻合，盖体上的倾倒管口正好被盖顶封闭。

迷宫式安全盖是依靠简单智力技巧开启的包装形式，在外盖的内壁有两个凸耳，瓶口内盖座的外围是迷宫式的曲线槽。它要求成年人能辨认标记与记住一系列动作，这样方能打开瓶盖。

这些安全盖是近年来刚兴起的一种包装盖，虽然这些防止了儿童对一些危险物品包装的开启，但是如果设计师没有对人的生理、心理进行准确的定位，那么会在阻碍到儿童使用的同时也阻碍到一般的成年人。这个是儿童包装盖最致命的弱点。

（五）智能盖

智能盖是近几年刚流行起来的一种特殊的瓶盖，这种类型的盖通过一些特殊的按钮，或者一些数字化的手段，不用通过解、撕、拔、扭、拉、转等动作形式便能达到开启的目的。现在出现的智能盖的形式有智能按钮控制盖、密码智能盖、智能音乐盖等几种形式。

智能按钮控制盖是通过按钮的形式去打开包装，一般在老年用品，或者特殊的药品领域使用较多，但是目前对这种盖的研究并不是很成熟。密码智能盖是在进行开启装置设计的时候，在瓶盖的适当处加入需要打开的密码，所以消费者在使用完包装内部的产品以后还可以将这个包装盒子作为重复使用的家用容器。音乐智能盖，即是将声控技术巧妙地使用到包装开启方式中去，当人们开启包装的时候，包装自动发出开启的音乐，一般被使用在儿童用品以及节日礼品的包装里面。这些包装盖为包装的开启方式增添了趣味性，也在很大程度上方便了一些特殊消费群体。但是由于目前的一些技术上的限制，所以在制作的时候经常会出现成本过高的问题以及技术问题。

（六）其他专用盖

还有其他各种不能归入上述类型的瓶盖，以及专门为满足特殊用途而设计的瓶盖如排气盖、抗菌素瓶盖等。

排气盖可用来排放容器内多余的气体，使容器维持一定的压力，避免因内压过高造成容器的破坏，或开启时因压力引起内装液体的喷溅。排气盖常用于过氧化物、次氯酸盐等漂白剂的包装。排气盖实际上是一个带有排气内衬的螺旋盖。

抗菌素瓶盖，如青霉素瓶的瓶盖由铝质外盖与橡胶内塞组成。有三种不同结构的青霉素瓶瓶盖:AP盖、折边盖、AP—MT盖。AP盖与折边盖无需开盖,使用时只要将针头刺入瓶盖吸出药液,或注入注射用水使药粉溶解后再吸出药液;AP—MT盖可以很方便地从瓶口取下,然后取用瓶内的抗菌素。

二、包装开启方式设计的主体——“人”理

任何一个简单的问题,只要涉及人就变得不再简单。在包装设计定位中,我们经常要考虑包装的使用者是谁,这就是为谁而设计的问题。在开启方式的设计中,我们还必须更进一步分析,不但要考虑开启设计的动作执行者是谁,还要考虑开启的时候阻碍谁使用,并且开启者和被阻碍者是处于一种不断地变化发展之中的,所以对包装开启方式中的主体对象的研究比一般的产品设计的对象研究更具复杂性。所以我们对包装开启过程中人的研究不但要定性地研究他们的需求,还要定量地研究他们的一些生理属性,并讨论这些量之间区间值的变化。根据人的心理特性需求和生理特性限制,通过设计手段将人类生活中需求和限制上的生活细节,物化到开启装置中去,使之达到人性的关怀,与人类发展相和谐,与社会发展相和谐,与自然发展相和谐。我们对包装开启中“人”的研究,主要是从人的本体属性与人在开启包装过程中所产生的情感特征两个方面展开论述。

（一）人理

人是包装开启行为的执行者，对这个动作执行者的研究，我们首先要确定其中的“人”具体指谁：是男性还是女性，是老人、青年还是儿童，从事何种职业，受过何种教育，经济状况如何，分属哪个社会阶级，社会角色、身份与地位如何，地域文化内化了怎样的观念与思维习惯等等。这些都是具体的人的属性，只有确定了这些具体的内容，我们才能更准确地明白他是谁，他是怎样生活的，他的需求是什么，他对包装开启方式有怎样的需求和限制。因为不同属性的人对包装开启的方式有着不同的需求和限制，同一个人在不同的年龄层次、不同的受教育程度、不同的文化背景下对包装开启方式也有不同的需求和限制，所以由于人的复杂性，也导致包装开启方式需求的多样性。我们对包装开启方式设计“人”理的研究，主要是建立在对人的属性、人的需求和人的和谐要素进行深层次挖掘的基础上，从中寻找更加合理的开启方式。

1. 人之“性”

包装是一个以消费者为目标对象的设计体，所以在进行包装设计时，应该时刻注重“人”的相关因素。这里的人包括个别的人，也包括特定的“人群”，根据年龄层次、性别、文化素养等差异可以分为不同的“人”。按年龄层次的不同，人可以分为老年人、中年人、青年人、少年、儿童；按性别的不同可分为男人、女人；按文化素养的不同可以分为低层次的人和高素质的人。每一类人都有各自的特点，每一类人对包装开启方式都有着不同的需求。老年人在长期的消费生活中形成了比较稳定的态度倾向和习惯化的行为方式;年轻人正处于生理发育期,喜欢寻找刺激,追求个性、新潮;儿童生理、心理、智力都发育未成熟,性格上贪玩等等,这些各自的生理、心理的特征对包装开启方式设计的各个方面都存在着特定的需求。所以在进行包装和开启方式设计的时候一定要根据消费群体的属性,采用相应的设计方法,寻求满足消费者的开启方式需求。

第一,从年龄差异与包装开启方式的关系来看,人根据年龄层次的差异可以分为不同阶段的人,如儿童、少年、青年、中年、老年等几个阶段,这几个阶段的人在生理、心理上都有着各自的特点。人类学家将人的年龄分为生理年龄和心理年龄,其中区别生理年龄的主要是人的骨骼发育情况,表现到包装开启方式中主要表现为常规情况下开启包装所能施展的力(包括扭力、拉力、压力);而区别心理年龄的主要依据为人的智力发育情况,在包装开启方式设计上体现在对特殊需求的自我选择和评价上。这里主要以儿童和老人作为例子分析年龄与包装开启方式设计之间的关系。

儿童时期是人生的基础阶段,新生儿、婴幼儿、学龄前到上学阶段都处于不断生长发育的过程中,其动态特征与成人不同,这一阶段的生理和心理对包装开启方式的选择和设计影响最大的两个特点为:第一,儿童的心理年龄较小,智力发育不成熟,所以儿童心理上通常呈现以下几种情况,如好动、顽皮、贪玩等心理特点,对事物存在着好奇感,不管在他们面前的物体是否具有危险性,都喜欢接触并进行尝试,所以在生活中经常会遇到儿童因误用药品而导致的事故。据统计，在英国每年因误食药品引起的中毒事件就高达45000件次。第二，儿童时期由于骨骼发育没有成熟，力气运用的大小和对事物操作的方式不太成熟，儿童的握力仅140N左右，用力的持久性也差，所以在对包装打开的时候不容易打开或者进行破坏性打开。

针对儿童的两个特点，设计师在进行开启方式研究的时候要设计儿童安全盖，从包装结构上防止普通儿童在不了解内装物且没有成人陪伴的情况下打开包装，而避免儿童误服某些药物、家用化学品及化工产品而损害健康甚至危害生命的事故发生。但同时又要考虑方便成人使用，应尽可能不妨碍老年人、残疾人开启。遵循这样的设计原则，我们依据儿童行为的特点，设计可以从以下几方面考虑儿童安全盖的结构：第一，结构要比较复杂，儿童在短时间内（一般为5分钟）难以完成的开启动作。如两个连续的动作或压旋、拔旋等不同的动作组合，组合的次数可以通过增加或减少轨道的长度和改变轨道的形状来改变，这要根据内装物的安全等级和属性来决定。第二，儿童安全盖的结构设计需要一定大小的持久力量，即5岁以下儿童不具有的力量。第三，儿童安全盖的设计需要一定的智力和综合动手能力，成人配以相应的说明和开启方式提示以顺利开启。[①]

目前，市场上比较有效的儿童安全瓶盖大致有压—旋盖、挤—旋盖、暗码盖、压—拔盖、工具开启盖、锁扣式铰链盖、迷宫式安全盖等几种常用的形式。

老年人的生理特征主要是衰老或老化，表现为免疫功能

① 王立党，赵美宁，李小丽：《基于人体功效的新型儿童安全包装盖的设计》，《昆明理工大学学报》，2005年第3期，第45～46页。

低下，呈现出多种生理功能障碍。不但5种官能(视、听、味、嗅、触)有所衰退，而且记忆力、理解力等体验生活的能力也日渐下降。从心理上说，老年人的生活方式是几十年生活惯性的继续，形成了比较稳定的态度倾向和习惯化的动作方式，又对新生活方式较少了解和难以接受。在进行包装开启时，如果有使用要求或需要阅读说明书后才能开启的包装，老人大多会感到不方便甚至引起反感情绪。

基于此类包装的特性要求，在设计老年人消费品包装和开启方式时，应综合考虑老年人的生理特征和心理诉求，适当调整包装设计的功能配置。英国伯明翰大学应用老年医学中心为包装设计师制定了这样的准则："为年轻人设计的包装，不能同老年人的包装混淆；但是为老年人设计的包装，则要兼顾到青年人。"[①] 针对老年人的这些特点和需求，设计师在设计时应考虑以下两点：一是包装的开启方式要在不读说明的情况下便可以便捷地开启。这主要是从传统包装的角度出发的，通过图形和包装外形的处理，加以明确包装的开启指示，便于老年人理解，使之能够方便地打开包装。二是通过剂量控制与计量测定功能使产品的包装设计弥补老年人记忆力差、操作不方便等方面的不足。这样不仅提供了合理获取商品的途径，而且通过密封容器的剂量控制功能，使产品的使用变得更加有效和安全。优良的剂量控制功能对于老年产品包装的安全使用具有重大的意义，并且还能解决包装安全和便捷易用的热点问题。例如，可以控制药品颗粒数量的包装，免除了老年人拿取药品时数数量的麻烦，方便他们正确适量用药。

① 安妮·恩布勒姆，亨利·恩布勒姆：《密封包装设计》，上海人民美术出版社，2004年，第24页。

第二，从性别差异与包装开启方式设计的关系来看，男性与女性由于生理上的性别差异以及所扮演的社会角色、地位的不同，各自形成了不同的行为模式，气质与性格均有不同的偏向。男女性别差距是可能缩小的，但完全抹杀这种差距却是不可能的，需要互补。男性与女性之间的区别主要表现在两个方面：一方面，是由生理原因形成的区别，由于生理和童年期的社会化经验，造成了男女体力上、敏感度上的性别分化。另一方面，是由男女性别形成的心理和社会性差异。女性思维在生活中体现为细腻、微观、感性，而男性思维在生活中体现为粗犷、宏观、理性。

那么，在进行产品包装设计的时候，就要根据男女观察事物、使用产品、心理表现等因素的影响，考虑所包装的产品的内在性质，采用合适的开启方式。例如，对于化妆品的包装，女性的认识建立在对品牌的信任，对包装成型所采用的精致工艺的基础上，所以女性化妆品的设计会以精致、美观为基础，即使在使用时开启方式略显繁琐，也不会降低她们对产品的喜爱度。而男人往往缺乏耐心，他们的认识则是建立在开启方便、再包装也方便的基础上。所以针对男性化妆品的设计必须符合男性的消费心理，开启以便捷为首要考虑因素。

另外，在现实生活中，我们经常看到有男性帮女性开启矿泉水的场面，这虽然体现了中国男人绅士风度的一面，但也与矿泉水包装瓶盖的开启不无关系，因为有不少矿泉水瓶盖确实存在难于开启的情况。这说明中国的矿泉水的瓶盖还没有达到人性化的要求，特别是在易开性上存在着一定的问题。所以在这种情况下,是不是包装开启方式中要体现出男女之间的差别呢?或者说从易开的角度来看,以多大的扭矩力范围为设计标准,才能适合大众消费者的操作,这是值得测试和思考的!

第三,从文化差异与包装开启方式设计的关系来看,包装开启既存在对开启原理性认知的问题,同时也存在对开启方式导向性指示的理解差别。我们不妨以大家熟知的柯达胶卷包装开启方式为例,据有人测试,当第一次拿到胶卷时,10个中国人中有8个以上不是马上撕破撕裂线取出胶卷,而是先想方设法找两边有没有可以开的口子,或者最终是撕破边上的口子去取胶卷,并不是按设计者设计的开启方式,从撕裂线处拿出。这个例子说明了什么问题呢?这个就是我们下面将要谈的文化价值观差异的原因。

现实世界是由数个地域构成的不同的相对孤立的环境整体。地域分异现象是极为普遍的自然地理现象。它所表现出的分异规律有纬度地带性分异、经度地带性分异和垂直地带性分异。这些分异现象就造成了地域之间湿度、温度、降水量等自然环境的差异,从而形成了生态环境的差异,也造成了人、社会、观念的差异。这种地域差异导致人的生活方式、思维习性、审美理念的差异。作为人类社会生活和行为方式总和的文化,由于人类社会是一个由不同地域环境、不同历史环境所构成的整体,因此,各民族所遵循的生活方式和价值观各不相同,所形成的文化也就各有特色。从价值观的角度来探讨文化差异,主要是指以价值文化为核心的社会文化的差异,不同地域、不同民族,由于价值观的不同往往表现出文化上的冲突。不同的文化具有不同的价值观，处于不同民族地区的人们总是容易把本民族的文化视为至高无上的文化观念而排斥接受其他民族的文化传统，偏见和执着于本民族文化观念的思维方式，形成了不同文化持有者之间的观念冲突，从而产生了价值观和审美观的分歧。世界范围内，不同的地域、不同的民族、不同的历史背景，往往造就了不同的习俗、文化和经济环境。由此而形成了不同的自然条件和社会条件，并生发出不同的语种、习惯、道德、思维、价值观和审美观。如德国人被公认为是最具理性、最具严谨的思维逻辑性的民族；日本人敢于创新，设计新颖灵巧、轻薄玲珑，而且充满人情味；意大利人优雅而不失浪漫情怀；而中国人事事讲究“圆”、“满”。进行比较可以看出文化差异对设计的影响，因为中国人注重“圆”、“满”，这种无形的价值观导致人的思维定势，所以中国人的第一反应是不希望去破坏它。但是欧美国家就不一样，他们长期受民族文化的影响，生性具有一种破坏性，所以欧美国家的包装以破坏包装某一个部分去开启包装的设计非常之多。而日本出现了很多小的发明，比如从日本的街头买的栗子，卖家便会给你一个带齿的塑料片，便于打开栗子(图 9-13)；在金针菇包装的包装设计时直接通过图形色彩来表示金针菇开启的位置(图 9-14)，这样消费者直接用刀子切到标志处即可以安全地使用可食部分。

同样的文化差异也表现在其他类似的包装设计上。比如 CD 的开口处用一块闪亮的贴膜覆盖，无需费力寻找。芝麻、花椒、盐这类容易受潮的商品，日本的厂商往往在包装袋上设双层开口，第一层只要撕掉就可以了，第二层是可以反复开启封装的。为小孩准备的饮料，包装顶部会有一张很小的不干胶贴膜，把它撕开，就正好露出一个可以插入吸管的孔。小孩通常一次喝不完一瓶饮料，这时就可以用不干胶贴膜把吸管的孔封起来，既保鲜又避免抛洒。这些就是日本人爱做小发明的民族性格特征所体现出来的设计风格。

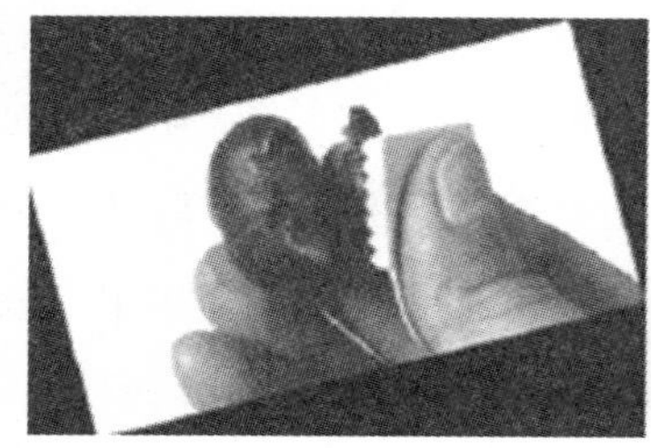

图 9－13　板栗开启器

图 9－14　金针菇开启

2. 人之“求”

人类有各种各样的需求，主要分为生理需求和心理需求两个方面，这些需求促使产品发生变化，并且影响着人们的生活意识和生活行动。在生活水平低下时，人们只能满足最起码的生理需要。随着人们生活水平逐渐提高，会产生更高层次的心理需要。随着人们价值观的变化，人们的需求也会有很大变化，这也是包装开启方式设计目标设定时非常重要的一个方面。按照马斯洛的观点，人的需求包括以下几个方面：

（1）安全上的需求。这是人类要求保障自身安全、摆脱事业和丧失财产威胁、避免职业病的侵袭、接触严酷的监督等方面的需要。整个有机体是一个追求安全的机制，人的感受器官、效应器官、智能和其他能量主要是寻求安全的工具，甚至可以把科学和人生观都看成是满足安全需要的一部分。对于安全的需求，在包装开启方式中体现得特别明显，所有的包装开启都要建立在人的安全需求之上，本部分特别指出的是对儿童安全包装开启方式的设计。

(2)感情上的需求。这一层次的需要包括两个方面的内容：一是友爱的需要，即人人都需要伙伴之间、同事之间的关系融洽或保持友谊和忠诚；人人都希望得到爱情，希望爱别人，也渴望接受别人的爱。二是归属的需要，即人都有一种归属于一个群体的感情，希望成为群体中的一员，并相互联系和照顾。感情上的需要比生理上的需要来得细致，它和一个人的生理特性、经历、教育、宗教信仰都有关系。早在一百多年前马克思就对物质的感情性有着十分睿智的见解，他认为感情性是可以外化于物质的商品之中的，人与物质世界的感情性关系对于这个世界而言具有意义。[①] 这个方面的需求转化到包装开启方式上，将成为我们研究的一个重点，具体在后一部分的“情理”中作详细阐述。

① 亚科布松著，孟昭兰译：《情感心理学》，黑龙江人民出版社，1988 年，第 45～46 页。

(3)尊重的需求。人人都希望自己有稳定的社会地位，要求个人的能力和成就得到社会的承认。尊重的需要又可分为内部尊重和外部尊重。内部尊重是指一个人希望在各种不同情境中有实力、能胜任、充满信心、能独立自主。总之，内部尊重就是人的自尊。外部尊重是指一个人希望有地位、有威信，受到别人的尊重、信赖和高度评价。马斯洛认为，尊重需要得到满足，能使人对自己充满信心，对社会满腔热情，体验到自己活着的用处和价值。人与人之间的相互尊重，反映在包装开启方式中，这种无形的东西就要通过开启装置的设计，以及开启方式的安排来实现。如一些智能盖的设计，即对老年人与智障人群提供了很大的方便，属于一种人类相互尊重、相互关爱的体现。

（4）自我实现的需求。这是最高层次的需要，它是指实现个人理想、抱负，将个人的能力发挥到最大程度，完成与自己的能力相称的一切事情的需要。也就是说，人必须干称职的工作，这样才会使他们感到最大的快乐。马斯洛提出，为满足自我实现需要所采取的途径是因人而异的。自我实现的需要是在努力实现自己的潜力，使自己越来越成为自己所期望的人物。这个部分的需求，即是我们对开启方式研究中艺术性表现的一个重要研究点。通过开启的程序设计与特殊结构使消费者达到自我实现的目的。

从马斯洛对人的需求层次的分类可以看出生理需求是满足情感需求的基础，安全需求是情感需求的过渡桥梁，而尊重需求和自我实现需求是精神及人格方面的需求，是最高层次的需求，而精神、人格需求又促成了情感需求的升华。那么我们在进行包装和开启方式设计的时候就要根据内装物的性质，分析它与人的需求层次之间关系，考虑究竟是要侧重满足生理需求？还是侧重满足心理需求？

对于包装开启方式的设计在满足安全需求方面，我们前面举例说明的儿童安全设计就是一个很好的例证，同时，对于成年人安全需求的设计依然是考虑的主要方面之一。例如在食品、饮料和药品方面，经常采用显窃启包装将可能出现的偷盗和意外开启降到最小几率，并提供了大量安全防护的可循之路。大部分的显窃启包装，都遵循着一条基本原理，就是在密封包装中设置一些小装置，一旦包装被打开，它便能提供明显的证据。这些装置的有效性取得了消费者的认可，消费者通过它提供的损坏证据，从而拒绝购买，同时，这些装置在保护商品方面，也赢得了生产商和营销商的青睐。带有自动弹起的安全按钮的金属盖（又称顶部按钮式真空盖），是最受欢迎的显窃启包装的经典设计，它被广泛应用在果酱、肉酱、鱼酱和婴儿食品的包装瓶上。

现在人们生活中的生理需求已经上升到感情上的需要，并且感情需求将成为具有生命力量且能够使人类与环境达到融合统一的有机媒体。例如香槟酒的打开就是一种特定的方式，因为只有这样的木塞设计才能营造那种特定的气氛，情绪高涨的人们在猛烈地晃动瓶身后，才能让禁锢在玻璃瓶里的二氧化碳气泡活跃起来，伴随着大家的掌声和笑声，突然“砰”的一声，香槟瓶口的木塞像火箭一样射向天空，雪白的泡沫喷射而出，然后是沸腾的欢呼、热烈的拥抱、激动的泪水……在某种程度上说，香槟酒不是用来喝的，而是用来喷射的、倾泻的、挥洒的。只有打开香槟的时候，快乐才会达到高潮，才能在特定的气氛中体会友谊和鼓舞的气氛。这种体现快乐的、胜利的开启方式所体现的人们的情感需求是普通易拉罐式的饮品包装设计所达不到的。对于包装开启方式情感方面的需求，在这里不具体论述，将在下一节“情理”中作更加详细的介绍。

3. 人之“和”

在进行包装和开启方式设计的时候，设计师主张把着眼点放在使用者的一方，而不是物的一方，讲究“以人为本”，往往是站在使用者的需求角度上考虑，围绕作为“使用者”的人而展开产品形态设计。在一定程度上来说，设计者同样也是消费者，现在的开启方式设计中的人的因素应加上“设计者”。作为设计者应充分发挥自己的灵性与天赋，在遵循设计原则的同时，和使用者沟通，使自己的感情和使用者的感情产生共鸣，用自己的灵性冲动表达出设计灵感。设计者的灵感是产品诞生的前提，设计者与使用者的共鸣是产品成为商品的基础。根据消费心理学原理，先通过外部刺激来影响购买者的情绪，激发人们的情感。人们凭自己的感官、知觉、记忆、表象、思维判断等一系列的大脑加工过程，然后付诸行动，使消费者从“所需购买”向“激发性购买”转化。[①]

对于使用者而言，任何设计都是为了使用者，为了他的物质生活，也为了他的精神生活和生理需要，当然也包括心理需要。对于设计者而言，设计师有责任让设计多一点人文精神，多一点对人的关怀。那么，开启方式设计中人的因素可以理解为现代设计过程中设计师对使用者的关注。也就是要使人与物、人与人、人与环境、人与社会相互协调，使人生活得更美好，使人的生存环境更加符合人性，使人成为物的主宰。在包装设计中，开启方式沟通了设计者和使用者相互间的情感，让他们的情感发生共鸣。

综上所述，产品设计中人的因素有两个方面即“设计者”和“使用者”。其中，使用者处于主导地位，设计者必须把自己和使用者紧紧地连接在一起，不断地去体味消费者的心理感受，想他们之所想，然后把感情和设计灵感表达在开启方

① 张锐:《以人为本的设计要素研究》，湖南大学硕士学位论文，2004 年，参见第 26～32 页。

式上。“设计者—包装—使用者”之间形成了一个系统，在这个人和物的系统中，两个人的要素达到和谐统一，这样的包装和开启方式才是人性化的、成功的设计。

(二)情理

“情”为人类需求的高度升华，在开启方式的设计中，这个部分的实现才能达到真正意义上的成功设计。功能的满足是开启方式设计的基础，人类情感的满足才是真正的开启艺术。所以我们对开启方式情理的研究，首先要对人类情感进行研究。为此，我们主要从人的心理反应和产生的感情两个角度进行分析。心理反应主要有情绪和情感两方面，是人在满足基本的生理需求之后产生的心理感受。情绪和情感都是人对客观事物的态度体验及相应的行为反应，是由独特的主观体验和外部表现所组成。而感情是人在出生后产生的人与人之间的依赖和信任关系。只有弄清楚这几个方面的关系才能更加清晰地去挖掘开启时人类涉及的情感需求，才能将这些需求更加合理地运用到开启方式的设计中去。下面我们试图将这几个部分进行分解，然后进行探讨。

1. 包装开启过程的情绪分析

情绪是一种强烈的、有着明确刺激源的情感状态和体验过程。[①]情绪具有较大的情景性、激动性和暂时性。特别是在包装开启这个短暂的过程中，情绪的变化会引起你对同一个产品喜恶的巨大变化。情绪变化的时间相对是很短的，可能是几小时甚至几分钟，并且是在一定场合中受某种刺激引起的激动反应。情绪有时会吸引你的注意，使得你无法去做其

① 柳青华:《消费心理学》，机械工业出版社，2002年，第63页。

他事情。典型的情绪有生气、羡慕、嫉妒，甚至还有热爱。这些情绪总是因为某些人或某些事（人、活动、公司、产品或者交际）才产生的。我们总是对特定的某些事生气或对某些人发火，羡慕某些东西或者嫉妒某个人，也总是喜爱特定的人或者物。

众多的情绪研究者们大都从三个方面来考察和定义情绪：在认知层面上的主观体验，在生理层面上的生理唤醒，在表达层面上的外部行为。当情绪产生时，这三种层面共同活动，构成一个完整的情绪体验过程。

(1)主观体验

情绪的主观体验是人的一种自我觉察，即大脑的一种感受状态。人有许多主观感受，如喜怒哀乐爱惧恨等。[①] 人们对不同事物的态度会产生不同的感受。人对自己、对他人、对事物都会产生一定的态度，如对朋友遭遇的同情、对敌人凶暴的仇恨、事业成功的欢乐、考试失败的悲伤等。这些主观体验只有个人内心才能真正感受到或意识到，如我知道“我很高兴”，我意识到“我很痛苦”，我感受到“我很内疚”等等。

(2)生理唤醒

人在情绪反应时，常常会伴随着一定的生理唤醒。如激动时血压升高；愤怒浑身发抖；紧张时心跳加快；害羞时满脸通红。脉搏加快、肌肉紧张、血压升高及血流加快等生理指数，是一种内部的生理反应过程，常常是伴随不同情绪产生的。如图 9－15 所示就是典型的包装开启过程中的情绪表现。

① 柳青华：《消费心理学》，机械工业出版社，2002 年，第 64 页。

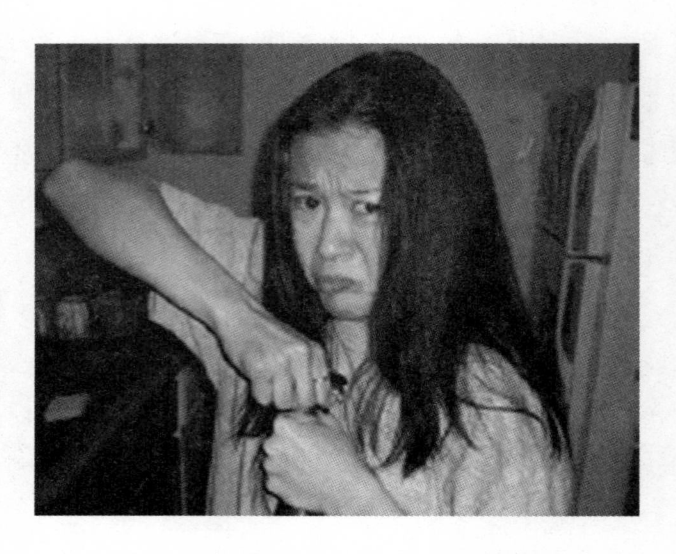

图 9 - 15　包装开启过程中的情绪表现

(3)外部行为

在情绪产生时,人们还会出现一些外部反应过程,这一过程也是情绪的表达过程。如人悲伤时会痛哭流涕、激动时会手舞足蹈、高兴时会开怀大笑。情绪所伴随出现的这些相应的身体姿态和面部表情,就是情绪的外部行为。它经常成为人们判断和推测情绪的外部指标。但由于人类心理的复杂性,有时人们的外部行为会出现与主观体验不一致的现象。比如在一大群人面前演讲时,明明心里非常紧张,还要做出镇定自若的样子。

在包装和开启方式的设计中,我们要对消费者在打开包装的过程中所引发的情绪反应和变化,进行行为分析和研究,尽可能让消费者在打开包装时,体会到设计师对他们的关怀和用心。如果在使用一个包装的过程中,作为消费者的你很便捷或者很有趣味性地进行了开启,那你就会对这个品牌的东西产生更好的印象;但是如果一个产品到手以后,需要花费很大的力气才能开启,特别是在一些特殊的场合,如在消费者洽谈生意的场合去开一瓶酒,如果长时间未能开启,这样不但会使消费者产生情绪上的厌恶,而且还会造成整个场面的尴尬,以致给人造成更大的厌恶感,甚至会怀疑手中拿的产品是不是冒牌的。

下面就是一个关于假的木糖醇包装开启的全过程,笔者对整个过程进行了跟踪拍摄,并记录了开启者整个过程的情绪变化。开启者打开的步骤如图 9－16 所示,中间出现了几个比较关键的步骤:①当小黄拿到这个包装的时候,未开启时;②找到开启撕裂条时,想打开时;③拉开撕裂条,但是很难拉开时;④使劲拉,撕裂条被拉断时;⑤想办法,寻找工具开启时;⑥最后找到钥匙,用钥匙撬,但是还是打不开时。根据对小黄的访谈,以及笔者对小黄打开这个包装的时候面部表情变化的观察,小黄的情绪变化大致如下:当刚拿到的时候比较开心,当使劲拉都拉不开撕裂条的时候,欣喜的表情马上消失,然后情绪开始变坏,对这个产品产生了怀疑,当拉断的时候,心情开始急躁,最后用钥匙都打不开的时候,小黄有点想骂人,还想

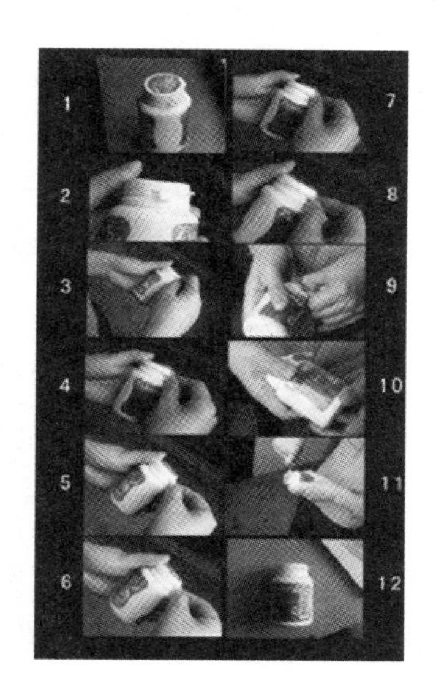

图 9－16　开启步骤示意图

把这个瓶子丢掉。这个例子说明包装不但外表能使人产生情绪上的变化，而且他的开启过程更加会引起消费者情绪的变化。特别是遇到不合理的包装开启装置时，会很容易引起消费者情绪的波动。

2. 包装开启方式设计中的情感表达

情感是指有社会意义的感情，具有稳定性、深刻性和持久性等特征。情绪是在刺激源刺激下产生的短暂体验过程，情感是人的精神长时间需求的体验过程。[①]实际上，情绪和情感既有区别又有联系，它们总是彼此依存，相互交融在一起。稳定的情感是在情绪的基础上形成起来的，同时又通过情绪反应得以表达，因此离开情绪的情感是不存在的。

① 柳青华:《消费心理学》，机械工业出版社，2002年，第63页。

包装开启方式的设计也是一种用户打开包装过程的设计，设计师就要深入了解人的需求和人的思维习惯，来设计、实现从未知到已知的一个过程。每一个环节的设计都将成为情感表达的一个部分，最终引起消费者情绪的变化。因为消费者打开包装的过程其实也就是一个对情感的体验过程，根据上述情感体验的层次，我们在设计开启环节的时候就要设定预期的目标。

这里我们以另外一个改良了的木糖醇包装开启为例，如图9-17所示是一个改良了的包装开启的全过程，这次我们从包装开启装置设计的细节来反映开启过程中的情感变化。当看到开启提示的时候，第一感觉就是这个包装设计堪称是细致的，很注重细节，连外面的PVC膜上，都设计了开启的痕迹，便于撕开外层包装膜，并且防止灰尘粘在瓶子上；第二步，撕开防伪条的时候，马上感觉“不错，很安全，别人肯定没

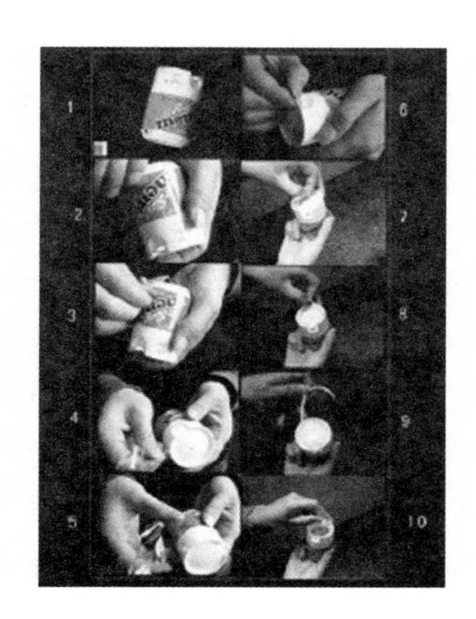

图 9－17　开启步骤示意图

有动过这个包装”；第三步，很轻易地用大拇指按住瓶盖的按钮推上去打开包装，看到里面的口香糖的时候又是一种欣喜；最后倒出一颗，重新盖上盖子的时候有一种物归原主的安全感。这样一个开启情感体验过程非常符合人的生理和心理的习惯，当然这个美好的体验是建立在合理设计的基础之上。

从以上分析看出情绪和情感是人的心理反应，我们在进行包装和开启方式设计的时候还要注重人的各种感情，尤其是在网络化、电子化高度发展的今天，人们的交流越来越少，表现为人情味越来越淡，人们之间缺少人文关怀。所以在进行包装和开启方式设计时，体现人性和感情是一种趋势和需求。

人的三大感情：亲情、友情、爱情。亲情是人之情感的起始与发源，当我们的生命降临的时候，就是第一次与亲情相联系。亲情自始至终永远相伴人的一生。友情的出现次于亲情，我们的成长过程，身边有朋友、同学、同事等等，拥有友情时或许我们不一定拥有爱情，但绝对存在亲情。而爱情是次于亲情、友情之后而萌发的第三种情感，也是人生三大情感的最后一个情感。爱情的出现需要一个时间阶段和环境，简而言之就是当我们长大成熟成年后才应该拥有与出现的。亲情是唯一的、不能改变的，源于一种嫡系的血缘纽带，亲情是一种深度，任何情感都无法超越这份情感。友情与爱情出现，你可以选择拥有，也可以选择放弃，这是一个人的权利与自由。

不管“情感”还是“感情”，最终都要通过物化的符号在开启方式中表现出来。特别是“感情”，每一种感情的表达形式都有很大的区别。如“亲情”中表现最强烈的是“母子之情”，这种情是血与泪的结晶。任何一个母亲都希望自己的孩子长得健康，活得快乐，成人以后比较优秀。基于这种“情感”语境下，包装需要什么样的开启方式呢？首先应该考虑安全问题，安全是健康成长的基础；其次是开启的趣味性，这些趣味性可以给开启包装的儿童带来快乐以及培养他们认知事物的一种能力；再次就是教育和导向的问题，在开启方式中可以通过一系列的导向手段，给小孩一定的教育，让小孩从小养成一些不乱丢垃圾的习惯，以及通过一些教育性的导向提供小孩学习方式的多样性，如可以在开启包装的过程中融入一些小知识供青少年学习。

“爱情”是人类的神圣情感之一，古往今来，关于“爱情”的传说、语言符号和图形符号数不胜数，市场上为年轻人设计的关于爱情的商品也琳琅满目，特别是为表达“爱情”而设计的礼品在近几年的商品市场上非常流行。这些礼品包装的设计已经在包装的表面装潢上做了很大的努力，但是很少在包装开启这个有过程性的设计关节，进行精心的策划。包

装的开启方式与包装的表面装潢设计在表达爱情的过程中有一个很大的区别，包装的表面装潢直接呈现在我们的前面，失去了爱情的神秘感，但是包装的开启却不一样，因为包装的开启是用户从未知到看到中间的礼品的一个神秘过程，本身就存在着一种神秘性，如果再进行设计，加一些趣味性，或者表达爱意的语言或者文字，层层打开，层层都有不同的内容，次次都有不同的惊喜，这样的一个过程将是一个很浪漫的过程，也是恋爱中人所希望感受到的爱意。

三、包装开启方式设计的客体——“物”理

包装的开启方式是一种行为动作的习惯，这种动作是建立在开启的对象之上即开启装置之上的。因此，包装开启装置是包装开启方式的物质载体。开启方式受开启装置设计的限制，并非所有的包装开启装置都有相同的开启方式，因此在设计开启装置的同时必须考虑其开启方式。然而，只有在特定的开启装置中，设定开启方式所需要的功能、结构、形态，才有所需的开启方式的实现。对于瓶类包装开启方式的设计，主要是对包装盖部及瓶盖的功能进行设计，这些功能都通过相应的结构与造型去实现。如最简单的普通药品包装盖的旋转开启，只有在包装盖设计的时候，在瓶体和包装盖上设计相反并恰好成逆向的螺纹，才有旋转这一动作的存在。如果再在瓶盖上添加一个带连接桥的锁圈，那么就有了先扭断动力盖的防伪式包装开启方式的诞生。所以对包装开启方式进行研究其实也就是对包装开启装置的研究。

上面的例子只能说明通过开启装置的设计已经产生了

相应的开启方式，但是这种开启装置的设计是否合理呢？这涉及众多的因素，从单纯的物理角度来说主要有两个方面：包装内装物的性能和包装开启装置本身的材料、工艺、结构、形态等因素。因为包装内装物的性能都将影响到包装开启方式的形式，最终影响到开启装置的设计，而开启装置的结构直接构成开启方式实现的物质基础。所以我们在本章节中主要研究物质性因素对开启方式的影响，以及如何在这些因素的限制中找到最适合的点去设计合理的开启方式。

这里的“物理”中的“物”，通指包装内装物和包装开启装置物，而“理”为“合理”，即合乎事物的存在和发展规律，合乎时代观念，合乎社会准则，合乎人的理想。[①] 本节拟从物的角度诠释包装开启方式“物理”的相关问题。

① 柳冠中：《事理学论纲》，中南大学出版社，2006 年，第 26 页。

（一）因“物”制宜

对包装开启方式而言，“因物制宜”主要是指包装开启方式的设计要适合被包装物的各种特性，主要是物质性和社会性。其中，物质性主要是指被包装物的物理特性和化学特性，而社会性是指被包装物的商品性以及各自的产品属性。

包装从某种意义上说是一种附属品，最主要的功能是为了保护内部的包装物，根据这个功能目的，在对包装开启方式进行设计时，对内装物的特性进行了解也是一个非常重要的方面。包装内装物的特性主要包括以下几个方面：化学特性、物理特性和社会性。不同的内装物特性对包装开启方式或者开启装置的设计都有着不同的要求。例如液体的包装物和固体的包装物，因为内装物形态的不同，其包装的方式、包装密封的方式以及开启的方式都是完全相异的。液体的包装物为了保护内装物的化学特性对包装的密封设计提出了严格的要求，而固体内装物由于其化学特性相对稳定，在包装方式和密封方式上与液体内装物的包装要求有很多不同的地方。根据密封方式和包装开启的特殊关系来看，不同的密封方式也就产生了不同的开启方式。

1. 内装物的物质性与包装开启方式设计

对于内装物的物质性因素对包装开启方式的影响，我们主要从内装物的物理特性和化学特性两个方面进行分析。物理性质是指物质的颜色、状态、气味、熔点、沸点、硬度、密度等不需发生化学变化就能表现出的性质。包装内装物的形态不仅对包装材料、包装方式有不同的要求，而且也直接决定和影响其开启方式。包装物的物理形态通常包括液态、固态(颗粒状、粉末状)、气态、胶状物等，这些物理形态的不同对包装开启方式有着不同的要求。通常情况下，液态的被包装物，如酒、酱油、饮料、香水，因为要保护内装物不泄露、不挥发，所以我们首先要考虑其密封的问题，在盖的选择上首先应该是密封盖，而且要考虑打开以后再次被合上的重复密封问题。固态的内装物，在这个方面要求可以降低，但是，由于“固态”这种物质形态的影响，对包装开启装置的选择有了很大的限制，例如固态的物质是不能采用液压式阀门盖作为开启装置的。气体对包装的密封性要求更高，不但要密封，而且要使内部气体不能与外界其他气体接触。但是由于物理变化的存在，一般的气体都通过压强转化成液体进行包装，这种气、液的交换体对包装的开启方式的选择又有着新的要求。

物质在化学变化中表现出来的性质叫做化学性质，如可燃性、稳定性、还原性、氧化性、毒性等都属于化学性质。从被包装物的化学性质来看，在开启方式设计中，影响最为广泛的属于稳定性，也可以有很多物质由于其性质的不稳定，有着很强的挥发性，如香水和酒精。

对于易挥发的物质，在设计开启方式的时候，应尽量减少开启到再次密封的时间间隔，尽量减少其挥发量。这种功能性的要求，不但影响开启装置的方式设计，还影响开启装置的结构设计。例如，我们看到的香水包装，通常容器的瓶口都采用小口式，减少物体和空气的接触面，所以对于这些形式物体的包装开启方式，也要严格按照这些物体的性质去进行设计。还有很多物质易潮解，对于这些物质，在设计其包装密封方式时要特别考虑，也要求开启以后能尽量减少被包装物质和空气的接触时间，或者零接触方式来设计包装。虽然同样是包装开启装置，如一般密封盖和特殊的喷雾阀门盖，都可以用来密封香水，但是在这两种方式中哪个更加合理，这些就是作为包装设计师在设计中要非常注意的细节。在我们的分类中还涉及一种儿童安全盖，一般来说这类包装所要容装的内装物，都是对儿童有害的物质，如药品、农药、清洁剂、腐蚀性物质等。

在药品领域之外，1994 年开始实施的化学制品法规，即著名的 CHIP2，规定凡是可重复使用的化学制品，都必须实行儿童安全包装。这些产品含有被权威机构认定为“有毒”

或“腐蚀”的物质，以及所含配制品超过指定有机溶剂的百分比。然而，在法规规定之外的产品，儿童安全包装也被普遍地采用，原因是生产商和零售商对于他们的产品中可能出现的潜在危险，均选择了负责任的安全防卫措施，而避免公司因安全事故被起诉的风险。因而，儿童安全包装在不断地发展，尤其是在家庭类和园艺类的化学制品包装上，取得了长足的进步。这一切，再次体现了行业自律和自我调节的硕果。鉴于是否每一件商品都要采用儿童安全包装的疑问，应当充分注意的是，表面上对成人无害的产品，总是引起儿童不同程度的化学反应。例如：成人用的漱口水就含有相当高的酒精成分。它对于成人的影响微乎其微，甚至毫无影响，人们认为不就是漱漱口就吐出去了吗。然而，对于儿童则不然，他们会大口喝下这些彩色的液体，而酒精的成分将对孩子不成熟的身体机能产生极大的影响。这个例子使“有毒”或“腐蚀”产品的分类变得模糊，它既不是家用的化学制品，也不是园艺用的化学制品，但是它却对孩子存在着潜在的威胁。因此，充分认清每一件产品并且评估其可能的影响是至关重要的。这种影响不止涉及摄食一个方面，而且还涉及对皮肤、眼睛等的影响，孩子打开产品所用的时间长度也必须考虑在内。如果一滴漂白剂溅到人的脸上，成人的第一反应是迅速用冷水将之洗去，尽可能地减轻它对皮肤的伤害，并防止皮肤短暂变红。同样的一滴溅到孩子的脸上，他们的反应则不同甚至相反，这就意味着漂白剂将长时间地留在孩子的脸上，并造成持久的、更大的伤害。所以这一类的包装开启装置，通常是由两部分组成：一个带有螺纹的内盖和一个外盖。要想打开它，必须按下外盖，使外盖与内盖相互嵌合，再按逆时针方向旋转外盖，即可带动内盖转动并从瓶口处旋下。如果没有按下外盖，而仅仅是旋转它，除了发出“咔嗒、咔嗒”的空转声外，是无法带动内盖转动的，瓶盖也就打不开。另外，“咔嗒、咔嗒”的空转声乃是一项非常实用的功能，它能向孩子的父母或附近的人发出警告。这种压扭式瓶盖被广泛运用在盛放药片的玻璃瓶和塑料瓶的包装上，包括药剂师配送的处方药亦择取这种包装方式。因此，我们在设计开启方式之前首先要明确内装物的物理、化学特性，以便设计出最合适的开启方式。

2. 内装物的社会性与包装开启方式设计

上文中提到的包装的物质特性，是选择和设计包装开启方式的一个非常重要的组成因素。但是内装物除了具有上述的物质特性以外，当它进入市场流通以后便具有了一定的社会性。例如一个物品在生产阶段还是产品，只具备物质特性，而被包装以后进入了商场，这个物品才从一件产品变成了商品，又当消费者将商品购买回家使用的时候，这个内装物又成为一件用品，具备了使用属性，或被消耗掉或用毕成为废品。另外，被包装物因为其所属种类的不一，还具备它的功能属性，如药、酒、化妆品等。所以包装内装物除了具有绝对性的物质特性以外，还具有相对的社会属性。这些属性的存在都将影响着包装开启装置和包装开启方式的设计。

因为不同的社会属性，所以存在着不同的使用方式。香水到了用户手中以后，不是一次性用完，要不断地重复使用；

啤酒打开以后都是一次性喝完，一般的瓶装的因为数量之多，也要重复使用；木糖醇因为商家对商品推销策略的不同也采用了多次使用装的形式。这些一次性消费品的包装和重复使用消费品的包装对开启装置与开启方式的设计肯定有着不同的要求。在大的类别中选择开启方式的时候，破坏式的包装开启就不宜被用作一次性的包装之内，而多次重复使用的包装，开启方式要采用可重复密封的开启装置作为设计选择的主要形式。这些都说明了社会的可持续发展对包装开启方式提出了新的要求。

社会是一个发展的社会，所以构成这个社会的所有元素，都要体现这个社会的健康发展，特别是在环境日益恶化的今天，包装造成的垃圾，严重影响到环境的正常循环。我们在设计包装开启方式时，可能一些细节上的设计会给环境留下不可估量的包装垃圾。如图 9－18、图 9－19 所示的果冻包装，在购买的时候包装件为一个整体，但是用户在打开这个包装的时候，如果边上没有垃圾桶的话，这个消费者的两只手就要同时拿着四个包装组件，还要完成两个动作，这就会给消费者造成不便。当然，前面的假设是这位消费者在有环保意识的前提下会采用这样的方式。如果这方面的意识不是十分强烈的话，那么结果就可想而知，这些包装分件都将成为随手扔掉的垃圾。所以我们在进行开启方式设计时不但要考虑其开启功能，还要考虑其社会性的影响，要尽量考虑包装的循环再利用，这样才能使开启方式的设计符合整个社会的发展需求。

图 9 - 18

图 9 - 19

（二）物美工巧

如前所述，内装物的物性对包装开启方式的设计有很大的影响，下面我们将重点讨论如何通过对包装开启装置的设计，使包装开启装置既美观又能适应内装物的物性，即达到物美工"巧"之效。

"物美工巧"中的"物"，指的是包装开启装置本身，"美"即包装开启装置设计的审美性，而"工巧"则是开启装置设计的目标，也是包装开启方式设计的关键。《说文解字》说："工，巧也，匠也，善其事也，凡执艺事成器物以利用，皆谓之工。""工"的意义在于"巧"，《考工记》将百工称为巧者。《释名》所说"巧者，合异类成同一体也"，可以看作对"工巧"的精辟概括。[①]一方面，百工之事受到天、地、材等因素的制约，表现出造物设计对外界和对自然的顺应倾向；另一方面，百工又具备一定的主观能动性，工之"巧"就是巧在对种种限制的协调和突破。在胡飞的《中国传统设计思维方式探索》一书中将"巧适事物"作为中国传统设计的一个重要方面，指出"巧"出于"适"。

如何在包装开启装置的设计中达到"物美工巧"呢？首

① 胡飞：《中国传统设计思维方式探索》，中国建筑工业出版社，2007 年，第 160～161 页。

先要了解包装开启方式设计的功能性需求,“知己知彼”才能提升设计效果。

1. 包装开启装置的基本功能要求

从包装的作用和目的来看,包装是为了达到包装物在流通过程中内装物不受到损坏为最主要的目的,主要达到的功能和目的有以下几个方面:保护功能、审美功能、传达信息功能。而开启装置是包装的一个重要组成部分,所以开启装置不但要体现以上几个功能,还要具备开启装置本身的独立特殊功能。

开启装置要达到的保护包装内装物的功能,主要从开启装置和包装间的密封效果来看,密封是包装要达到保护作用的一个重要标准,特别是防止内装物及其成分从瓶口流失,既能确保产品的数量,又能防止某些化学品或者危险品对环境和人身造成伤害;另外,还防止水蒸气、各种气体、有害物质、尘埃从瓶口倾入,确保产品原有质量不变。

在包装中方便功能是主要的功能之一,作为包装的一个主要组成部分,开启装置使用时的方便性也集中体现了包装的方便性所在。在开启中的方便性主要体现为包装打开时的方便,以瓶盖开启为例,方便性主要体现在以下几个方面:首先,瓶盖容器被消费者开启,其结构方便于产品的倒出或者流出、喷出,而且出来的量可以受瓶盖的控制。其次,瓶盖的封合结构与表面摩擦力大小适合,方便于利用人工或者机械进行快速封合与开启,并且经久耐用。另外,某些瓶盖有一定的启封特点与限制,如显窃启包装和儿童安全包装,但不妨碍一般的使用者,有些还可以做特定的“老人友好”或者

“残疾人友好”等的设计考虑。

信息传达功能是包装的一个重要功能，也是包装开启装置设计的一个要求。如瓶盖是包装容器上最引人注目的部分，在很多包装中都是通过瓶盖设计的差异来区别商品的种类，瓶盖的设计成了一个标志物的设计。所以消费者在选购商品时往往首先要细看与触摸包装的封缄处或瓶口瓶盖处，以获取尽可能详细的商品质量信息。一般按市场上的要求，瓶盖可以通过文字、数字、图形、条码等传达以下信息：①商品名称、品牌、生产厂商、生产日期、保质期等；②开启方法、用力方向、取出内装物方向等；③通用商品码。

2. 特殊功能设计“巧”之体现

随着社会的发展，人类也跟随着不断进步，对心理和身体的需求也不断变得多样性。所以对包装开启方式提出了更多的特殊功能性需求，如易开功能、安全功能、显窃启功能、剂量功能等等。不管是对开启装置的基本功能需求，还是开启方式的特殊功能需求，都需要包装开启装置设计之“巧”。这个“巧”，在开启装置设计中体现在两个层面上，其一是能用数据测量的人机工程上的设计科学，其二是不能用数据测量的思维构思上的巧妙。

首先，从人机工程学的角度来看，易开包装的开启方式设计，其“巧”主要体现在设计的科学之上，开启装置怎么才能被人很轻易地打开，而又不受任何生理上的阻碍。这主要是通过人机工程上的一些数据的区间值来体现。这个部分的巧体现在定性的基础之上，下面以普通容器类的包装的易开性为例来说明。

容器类的包装通常通过瓶盖密封或者薄膜热封。要使容器易开，通常以相关的数据测量为主要依据，如摩擦系数检测、扭矩力检测、热封强度检测、耐穿刺性能检测所获得的数据，并通过这些数据设计科学合理的包装装置物。

摩擦系数检测需要检测容器外壁、瓶盖表面或是盖材表面的摩擦系数。检测容器外壁的摩擦系数是为了使消费者在开启容器时能够握紧瓶体，避免出现打滑现象。如果消费者在握紧瓶体的时候手和瓶体之间出现打滑的现象，将大大增加开启难度。对瓶盖（旋转开启）在开启时与手的接触部位的摩擦系数加以控制也是非常重要的，一般这部分的摩擦系数是越大越好，但是要想能打开必须考虑到最低能打开这个包装的摩擦系数值，现在市面上塑料瓶的瓶盖侧面多呈凹凸相间的条纹图案就是加大摩擦系数的有效手段。

对于需要旋转开启瓶盖的容器应该进行瓶盖的扭矩力检测。现在，容器在灌装完毕后的旋盖工序多由生产线上的自动旋盖设备完成，因此可以比较精确地控制扭矩力的大小。可通过抽样检测的方式对一批容器的瓶盖扭矩力进行检测，并根据容器设计时推算确定的最适合目标消费者的扭矩力值进行调整，一般都会取得比较好的开启效果。

热封强度是指对一些无盖的杯状容器采用盖材热封封口，例如果冻杯、酸奶杯等。采用这种包装，一方面要比瓶状容器成本低，另一方面还可以提供便于携带和使用的小容量包装，因此应用推广非常快。现在，集杯体冲型、灌装内容物、盖材热封、成品输出等全部工序于一体的设备已经推出，可有效避免杯体生产后到灌装前可能会出现的污染情况，并免除了杯体的保管成本。对杯口热封处热封强度的检测是非常重要的。一方面，在产品的保存和运输过程中，杯口热封处承受外力的冲击，热封强度太低会导致热封处裂开、内容物泄漏等。相反，如果热封强度太大也会大大增加在热封处剥开（如果冻、杯面）的开启难度，因此需要将盖材和杯体材料的热封强度控制在一个合理的范围内。需要注意的是，盖材与杯体之间的热封与薄膜热封并不完全相同，尤其是热封头的形状以及热封宽度。因此，在检测此项指标时最好选用专业的热封试验仪。

对于一些需要刺穿盖材来开启包装的产品（如酸奶杯）需要检测盖材的耐穿刺性能。与检测其他材料的耐穿刺性能不同的是，这里需要将盖材的耐穿刺性能控制在一个适当的范围内：一方面要保证材料能够抵抗在存储运输中外力的冲击，避免出现盖材破裂的情况；另一方面，在使用吸管等工具开启包装时应能够顺利开启。

以上几个方面就是对包装开启方式设计前的一个定量检测，只有通过特殊的结构，才能使得包装开启装置的各个性能都能适合这些数值的检测，才能设计出科学合理的开启方式。

其次，从设计构思来看，市场上见到的一些巧妙的开启瓶盖的设计并非从天所降，而是设计师根据设计定位时设计的需求目标，以及包装内装物的特性、材料、工艺等因素，通过结构与造型的巧妙设计，来最佳程度地达到开启方式设计的预期功能。就以最简单的螺旋形密封瓶盖的设计为例，将设计所得的瓶盖通过“阴”和“阳”的螺纹的啮合达到密封效果，本身就是一种巧妙的设计，只要相差一点就会出现要么不密封，要么合不起来。当然，以我们现代人的眼光来看是属于一种非常简单的常识，但是大家有没有从更深的角度思考，第一个发明这种方式进行密封的人，是怎么想到的，难道也是巧遇？经过分析后笔者发现设计构思之“巧”体现在以下几个方面：

第一，巧“借”。在现有的包装开启方式设计中，我们发现了很多非常巧妙的设计，在这些设计中笔者寻找到一个特有的规律，通常都是巧妙借鉴生活中遇到的一些细节以及一些科学原理，特别是物理学中的力学原理，并将这些原理经过设计师的加工，合理地运用到包装开启方式上去。如图9－20所示的洗手液的包装容器就是借用了物理学中压力和压强的原理去获得内装物的。另外，还有很多包装容器借用了材料的一些弹力、摩擦力去实现包装的开启。

第二，巧“组”。组合多个功能，实现功能的叠加。任何一个带有特殊功能的包装开启装置，都必须是在密封的基础之上进行其他功能的叠加。有的甚至有很多个功能叠加到一起，形成一个开启方式。如图9－21所示是一个音乐智能盖的包装瓶盖的组合图，这个瓶盖就是分别通过7个部分的组件实现包装盖的音乐、防伪、密封等功能。这些功能的组合必须在合理的原则之下，通过对象的需求和限制之间的差异性，找到实现特殊功能的切合点才能设计出巧妙的开启方式。

图9－20　按压式包装

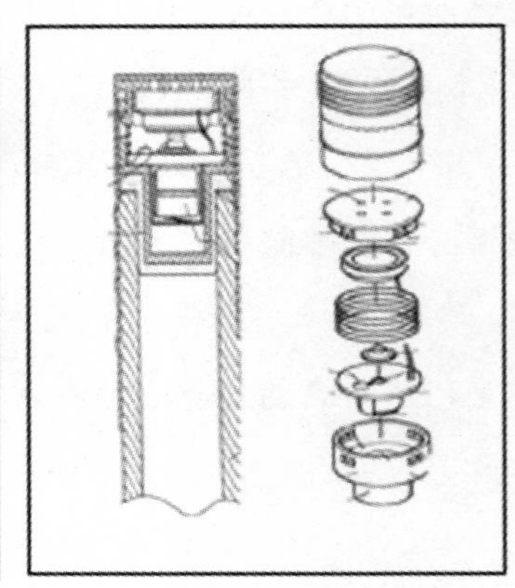

图9－21　音乐智能盖分解图

第三，巧“饰”。包装开启方式的设计不但要体现各种功能性需求，而且要兼顾开启方式的审美性。功能和形式的统一向来是设计的一个重要原则，我们在设计开启方式或者开启装置时，需要将合理的功能需求“物”，通过各种美的形式法则去表现出来，最主要是在功能、结构、造型美与工艺、材料、原理限制下找到最能体现装饰美的美学区间，实现“物我合一、神形兼备、情景交融”的包装开启方式设计。如图9－22所示的“VIZ”的矿泉水瓶盖就是采用不同的颜色和优美的造型实现包装瓶盖的艺术性。

图9－22　“VIZ”的矿泉水

四、包装开启方式设计的主、客体关系——“事”理

本节对开启方式的事理研究，主要从微观和宏观两个方面入手。其中，微观上主要是研究包装开启中的某一件事或者某一类事中的各种因素对包装开启方式设计的影响，即“事”的因素对“物”的设计影响；宏观上主要是讨论包装开启与环境以及整个社会的发展或者整个自然界的发展相互适应和影响的关系。所以在这个部分的研究中我们主要探讨事的组成因素，以及开启方式设计与社会发展、与自然界的和谐关系。

（一）事的构成元素

任何一种包装的开启方式如果不放置在包装开启这件事当中，是不存在绝对的好坏之分的，只有将其放置在包装开启的事件中，即包装开启的人、时间、空间这个关系场中，才能对包装开启方式设计的优劣作出正确的评价。

“事”特指在某一特定时空下，人与人或物之间发生的行为互动与信息交换。事是人与人之间、人与物之间，通过行为与信息交换过程的一个关系场。[①]在此过程中，人的意识中有一定的“意义”生成，而物发生了状态的变化。“事”的结构包括以下部分：时间、空间、人、物、行为、信息、意义。人和物的属性笔者已在“人理”、“物理”部分做了深入系统的探讨，现从微观角度对开启方式中的“事”理展开研究，主要是分析包装开启方式与开启时间点和空间域之间，行为和信息间的关系，以及开启方式和时间、空间的变化之间的关系，从而展

① 唐林涛：《设计事理学理论、方法与实践》，清华大学博士学位论文，2004年，第91页。

现开启方式设计的时空认知价值结构。

1. 时间

客观性的时间是事发生的背景，但在“事”的结构里，时间并不是一个点，而是包含着过去与未来的统一体，只有在这个统一体内，我们才能把握“事”的真正意义。在哲学与科学的初级阶段，亚里士多德和牛顿都相信绝对时间，认为时间是客观的。现代科学在爱因斯坦与霍金之后，绝对的时间观念被终结，认为时间不能完全脱离和独立于空间[①]，这是物理方面的时间概念，并不在本章的研究领域之内。现代哲学的时间概念则沿着奥古斯丁—布伦塔诺—胡塞尔的思路发展了“主观性时间”，时间要与主体意识相联结。总的来说，在个体的意识内部，时间是一个统一的整体。过去通过记忆、未来通过想象总可以进入现在。过去并不是一去不复返的，它并未消失，总是在场；而未来只不过是过去与现在的继续，它规定着过去和现在。

① 史蒂芬·霍金著，许明贤等译:《时间简史》，湖南科技出版社，2004 年。

2. 空间

空间并非仅仅是“事”发生的物理场所。在“事”的结构里，空间有着超越其物理层面的意义，是人的心理和社会的场域。空间原本无形，因为国境线与海关、护照、签证我们才区分了国内与国外，因为护城河、城墙、宫门、门票或通行证我们才确切地感觉到了空间的分隔。一间房子加上黑板、讲台和几把桌椅，这样的空间被称为教室；围墙、电网、荷枪实弹的看守，这样的空间我们叫做监狱。四合院是日常生活的空间，也是尊卑长幼、孝悌伦理、纲常道德的社会场；现代家庭都有起居室，有的主人将其布置成自己的精神空间，有的

则布置成炫耀财富与成功的展示空间；苏州园林是山石、树木、花草、亭榭楼阁组成的休闲空间，也是文人雅士情趣审美的心理场。特定的人物、布景、道具、氛围构成了不同的空间，构成了人类不同的心理空间场。[①]

3. 场合

“时间流”与“空间场”是事与物存在的两个纬度，是“事”发生的背景。[②]如把“时间流”与“空间场”看做坐标系中的一个纵轴一个横轴的话，在二者组成的坐标点（时间、空间）上再施加人的因素便成了我们生活中经常提到的场合。因为场合是通过时间、空间和人等基本要素构成，而这些要素都是一个动态的流变体，其中每个分要素的变化都会引起人们情感的变化，这些情感的变化是影响开启方式设计需求的动力源泉。如小明晚上在酒吧喝酒，小明晚上在朋友家喝酒，小明大清早在朋友家喝酒，这三件事就时间和地点不同使人产生了不同的感想，而对于事情的主体小明来说，在三个不同的场合也有不同的情感，这些情感就是需求的起因。

我们这里对开启方式的事理研究主要集中于影响开启方式的外部因素的研究，时间、地点构成了开启方式的场合的研究，任何包装的开启都存在于场合之中，所以包装开启要与开启包装的场合相和谐。因为在不同的环境、条件、时间下，消费者或使用者（用户）对包装开启的需求不同。如在宴会上，人们为了给宴会营造一种雀跃的气氛，通常都对香槟采用喷洒式开启方式，当香槟酒打开时，从瓶中喷出，这代表了宴会的开始，也是一种特殊的开启方式，换作其他场合，如平时在家吃饭的时候采用这种开启方式，那便不合适。再

① 唐林涛：《设计事理学理论、方法与实践》，清华大学博士学位论文，2004年，第91页。

② 柳冠中：《事理学论纲》，中南大学出版社，2006年，第67页。

如，在洗澡的时候，人们对洗发水、沐浴露等用品的开启，一般采用较安全的一种方式，通常采用挤压式，或者采用连接的压卡式，很少见到沐浴露的开启用旋转的瓶盖，因为在沐浴这个环境下，人的手处于一种湿滑的状态，被拿在手中或者放在一旁的瓶盖都很容易滑落。

（二）包装开启方式的“事”理关系

在上文中，我们已经分析了几个“理”对包装开启方式设计的影响，需要我们注意的是，这些“理”并不是单独存在的，而是相互影响、相互制约的。物的实现受人的需求、事的环境的影响；反过来，实现物的一些技术性、工艺限制又阻碍了人的主观意愿。所以，如何在这些因素中找到一个合适的切合点，解决这些关系间的矛盾，是我们不能忽视的。

一定的“事”为“人”与“物”之间的接触提供了环境，而“人”与“物”的接触又产生了新的“事”，形成了完整的行为系统。其中，“人”的因素主要包括生理因素和心理因素，这两个部分相结合升华后便有了“情”的出现，这两个部分组成了开启方式设计从合理性到艺术性的升华，也是我们开启方式创意设计中的目标系统。“事”的时间、空间、场合等几个部分，构成了开启方式设计存在的环境空间载体。任何人的需求和情感都要在一个特定的环境中才能实现，最后根据上面三个部分的综合，对开启方式设计中“物”的实现提出具体要求，也进行一定的限制。所以我们设计的包装开启方式是要在这几个“理”中找到一个合适的点，满足各个方面的需求，解决各种限制，造就和谐的事理关系，才有可能最大限度地

发挥每个设计环节的最大功能和效能。要达到这种和谐，首先要深刻了解其中各个部分的关系。

1. 包装开启方式中的“人”与“物”的关系

“人”是“物”(这里的物是指人造物)的创造者，也是使用者，人的主观意愿通过人类能动性的活动加载到所创造的“物”上面，形成了适合人类自身的人造物。“物”在一定的时间、空间之中反过来又影响着人的思维，这就是人与物之间的一种不可分割的关系，也是人通过自身的进步创造更合理的使用物的一个思维的源泉。在开启方式设计中，人包括两个部分的人，其一是设计师，其二是消费者。从设计师角度来看，人是开启方式行为的设计者，也是更合理的开启方式设计的创造者；从消费者(使用者)的角度来看，人是开启动作的执行者。按照这个逻辑来看，人是通过“物”这个动作的承载体，设计更加适合自己的开启动作形式。

2. 包装开启方式中的“事”与“物”的关系

任何一件设计“物”，都要通过相应的“事”去检验其合理性。从微观的角度来看，事是指某一个特定的时间、空间下特定的人的特定行为，这个事的系统的组成因素是时间、空间还有人的行为。也就是说检验物在这个微观条件下的合理性，是以设计的物放置在这种特定的时、空组合而成的场合中是否适应为标准。而在人类发展这个大的方向上来说，设计的物，不但要适合整个社会发展的需要，还要引导社会的进步。因为设计是一种技术，还是一种文化。设计是一种创造性的活动，是“创造一种更加合理的生活方式”。在经济、信息高度发达的现代社会，更多的设计是在创造“事”而不是在单一地创造“物”。从开启方式的设计来看，主要涉及两个方面的关系，其一是从设计“事”到设计“物”的开启装置设计，其二是从设计“物”到设计“事”的开启方式设计。这是一个相互影响的过程，也是设计包装开启方式的两个重要的思维过程。在设计包装开启方式装置物的时候，要首先考虑开启这个包装人们要达到什么样的功能，以及实现这样的功能需要采用多少动作环节，这些动作环节反映在开启装置物的设计中要通过什么样的结构、造型、材料、工艺去实现。在进行开启方式设计的时候却相反，它要实现人的预想目标，就需要通过开启装置的结构去实现。

3. 包装开启方式中的“情”与“物”的关系

在我们的生活中经常出现“事情”、“人情”之类的词，“事”与“情”紧密相连，“人”与“情”密不可分。如果说“事”的“物”化是设计一般规范“物”的标准的话，那么“情”的“物”化便是设计艺术性“物”的源泉。包装开启方式的设计，其实就是人们开启包装这件“事”的“物”化，但是要设计出更加具有艺术性的包装开启方式，那么就要将人的感情，通过包装开启装置物的结构的合理性和开启方式过程设计的巧妙性来实现。

（三）包装开启方式中的“事”理评价

开启方式也是生活方式中的一种特殊情况，它就是观察开启场合所用到的包装开启装置的功能和类型化的人群如何使用的一种特殊的生活方式。所以我们对包装开启方式的研究，也必须对其事理进行研究。检验开启方式设计好坏

的评价体系也来自于“事”，把设计结果放到具体的“事”中去，在开启过程中看是否“合情合理”。不合理的开启方式设计不合乎人的目的性，会让人在开启包装过程中产生迷惑、疑问、阻塞、误操作，甚至在开启过程中造成身体损伤等等，然后产生负面的感情和价值判断，对产品或者品牌产生厌恶感。

事是塑造、限定、制约物的外部因素，因此设计的过程应该是“实事一求是”。设计首先要研究不同的人（或同一人）在不同环境、条件、时间等因素下的需求，从人的使用状态、使用过程中确立设计的目标，这一过程叫做“实事”；然后选择造“物”的原理、材料、工艺、设备、形态、色彩等内部因素，这一过程叫做“求是”[①]。“实事”是发现问题和定义问题，“求是”是解决问题；“实事”是望闻问切，“求是”是对症下药。不合“事理”就在于它不符合人的目的性、认知与思维的逻辑，不符合规律，就是非“人性化”的开启设计。

① 柳冠中:《事理学论纲》，中南大学出版社，2006 年，第 74～75 页。

在上面几点中我们已经详细分析了几个“理”对开启方式设计的影响，但是这些“理”并不是单独存在的，而是相互影响相互制约的。物的实现受人的需求、事的环境的影响；反过来，实现物的一些技术性、工艺限制又阻碍了人的主观性意愿。所以如何在这些因素中找到一个合适的契合点，解决这些关系间的矛盾就是我们所要解决的问题。

（四）包装开启方式设计的“事”理和谐

包装开启方式设计的最终实现是理念“物化”的过程，设计师通过自身的主观能动性将所要表达的“心中之物”通过借某种物质形态为媒介，将其传达或暗示出来，开启装置物的设计美以及开启方式的设计巧。但是设计师需要在设计和谐的意境中创造这种开启的艺术，和谐是设计师在设计过程中考虑满足人的需求的同时，尊重客观规律需要的心境。和谐的设计心境对于我们来说是在不断发展之中的，因为随着人类科技水平的进步，人对自身认识的不断深入，人的需求也日益扩展、提高。这里所说的和谐是在具体的设计行为中不断被超越的和谐，而不是终极的、最高审美理想的和谐。具体反映在开启方式设计中表现为以下几个方面：形神兼备、物我合一、情景交融。

1. 形神兼备

“设计从科学那里吸取知识来探求设计的科学合理性，从艺术的领域获得美与价值及情感的表达，最终选择技术来实现自身。”所以在进行开启方式设计时要注意科学与艺术的结合，做到形神兼备。

“形神兼备”这里是指开启装置设计的形态和结构的合理性、开启方式的艺术性以及实现开启方式的技术的高度统一，也是“情”与“物”的高度统一。在包装开启方式设计中包括构成开启装置材料、造型、结构等具象的形态设计，也包括开启方式、开启步骤等抽象的开启艺术的设计。在开启形态的设计中不但要注重合理性，还要在合理的基础上达到艺术美的形式，最终选择可能性的技术去实现。

2. 物我合一

物我合一，并非是开启方式设计简单地满足人类的基本需求，而是在满足人的基本生理需求的同时，还要适合人的

情感需求，将包装开启中涉及的情感通过开启装置物的形式实现一种“物中有我，我在物中”的高度统一。

但是“人”具有复杂性、多样性和发展性，所以“物我合一”的这种关系并非静止不变，而是在不断地变化发展之中。但是这个整体的发展遵循人类发展的基本规律，随着人类社会的发展、人类自身的发展而发展。这种不断发展的状态，便是我们开启方式不断需要追求创新的动力源泉。也就是说我们的开启方式的设计创新，要与人类发展的步伐相和谐，与社会的发展相适应。

开启方式设计要适合人的多样性需求。人的多样性在前面的论述中我们已经做了分析，在这里主要阐述的是几个多样功能需求的矛盾与统一。如易开性与安全性、易开性与防伪性等功能的矛盾。在开启方式的设计中易开性通常被视为是最为重要的功能之一，但是易开的包装在安全、防伪这几个方面都存在着矛盾。如一个儿童安全包装，通过设计对儿童的阻碍环节，最后连一个成年人也不能打开的话，这样的包装就是失败的，因为失去了包装开启装置最原始的目的。再如“酒鬼酒”的包装，据试验数据所得，一个专业的开酒人员打开这个包装需要 2 分半钟左右，一个非专业人员，即使是经常开的人至少也需要 4 分钟，但是一个第一次开这个酒包装的人，就存在很大的问题，运气好的话 8 分钟左右，如果万一不小心，开酒的钥匙弄碎了内部的布塞，那这个包装就不是多长时间能打开的问题，而是必须采用其他强制性手段去打开。所以说这几个方面存在着很大的矛盾。当然，如果进行合理的设计的话，这些矛盾都将迎刃而解。这就需要我们的设计师、心理学家、结构工程师、材料工程师等人，一起努力找到开启方式中的不同人在生理、心理上的差异，以定量的形式将这些差异表现出来，然后找到其中的矛盾部分，便可以合理地解决此类矛盾，这也是本课题后续研究的重要内容之一。

3. 情景交融

情景交融这里并不是一般的设计装潢的画面意境，而是一种更高程度的人与环境的和谐。这个和谐分为微观上的与宏观上的。从微观角度来看，开启方式要与构成“事”系统的各种因素相和谐，如开启方式要与开启场合所需的气氛相和谐，与开启场合所需的功能需求相和谐。这种和谐没有一个定量的标准，而是需要设计师在设计的时候，通过设计的环节去实现。而从宏观的角度来看，开启方式的设计与人类生存的环境相和谐，要与整个自然界的发展相和谐。人类的发展和自然界的发展是一个相互影响、相互制约且又共同进步的和谐发展过程，包装开启作为人类行为的一个组成部分应该适应这种发展，同时又要带动这种发展向着健康的方向延续。

设计从科学那里吸取知识来探求设计的科学合理性，从艺术领域获得美与价值及情感的表达，最终选择技术来实现自身。本章在对包装开启的主体、客体的论述中，提出成功的包装开启方式是“人”理、“情”理、“物”理、“事”理的和谐与统一的产物。“人”理部分论述了人的生理、心理、文化的差异对包装开启方式的不同需求，以及在这种需求下对包装开启方式功能的需要；在“情”理部分，对包装开启时的情绪、情感做了分析，并指出了不同“情感”语境下的包装开启方式形式；在“物”理部分，以“物性之宜”作为包装内装物的特性，对包装开启方式的设计要求进行论述，以“物美工巧”作为包装开启方式的设计原则。最终在“事”理部分，对这几种“理”的关系进行论述，提出了“形神兼备”、“物我合一”、“情景交融”的和谐设计理念。

所以作为设计师，在进行包装开启方式设计时，要深刻理解这些因素对包装开启方式设计的影响，将人的生理、心理、情感需求放在设计的首位，根据包装内装物的性质，通过借用、组合生活中的细节，结合科学原理，进行巧妙的设计，最终将设计成果放在包装开启的事系统中去检验是否合理。设计师还要以发展的眼光看待问题，将包装开启方式设计放置入人类社会发展的大环境下去思考和策划未来的包装开启方式。从长远的发展来看，包装的开启方式设计的发展不是一成不变的，而是随着人、社会、自然界的变化而发展。可以预测，未来包装开启方式设计将在以人为本、为人而设计的宗旨和原则下，呈现出以下发展趋势：从价值趋向来看，未来的包装开启方式将是多个功能的和谐与统一；从审美趋势来看，未来的包装开启方式设计将与人的情感需求保持高度一致；从生态发展的角度来看，未来的包装开启方式设计将与人的发展、社会的发展、自然界的和谐相一致。

第十章 包装容器造型舒适度设计

美国资深的心理健康咨询专家对舒适度有过这样的描述:“舒适度对我来说极其宝贵。我一旦意识到舒适度的优先性,那么,我努力工作便都是为了这个目的。并且围绕着它,以各种方式来安排自己的生活。”[①]同样,对于现代都市人而言,他们对生活中物质和精神的追求,都是围绕着“舒适度”而展开,选择舒适的生活方式,选择舒适的生活必需品等等。但对于现有市场上的包装容器而言,我们经常会发现这些方面的问题:设计出来的包装容器,虽然具有形式美感,但却华而不实;有的注重实用,但形式单一、呆板,等等。这些问题总结归纳起来,无非都是关于包装容器“舒适度”设计的问题。

① 施内布利著,张燕玲译:《首先学会爱自己》,中信出版社,2002年,第218页。

一、舒适度的概念界定

“舒”有伸展、舒展之意。《说文解字》中记载:“舒,伸也。”《广雅》中提到:“舒,展也。”与医学、心理学上所给的定义恰好呼应。所以,不难看出“舒”皆与“人”的人体感官的反应联系紧密,有伸展、流通的趋向。“适”在汉语中理解为符合、适合。《诗经·郑风·野有蔓草》中有“适我愿兮”。晋代陶渊明《归园田居》有这样的诗句:“少无适俗韵,性本爱丘山。”这是陶渊明辞官次年所写,开篇就说年轻时没有适应世俗的性格,生来就喜爱大自然。“适”是符合客观环境条件和消费者主观心理需要的意识,是与主客观事物之间相互作用所产生的一种和谐统一的状态。“度”,名词,本义为计量长短的标准,计量尺码。《说文解字》中记载:“度,法制。”《孟子》中提到:“度然后知长短”。《韩非子》中记载:“吾忘持度”。由此可见,“度”这一名词延续至今都有量、标准的意思。

然而,每个人对一个事物的评价都会存在差异,即便是同一个人在不同的时间、不同的场合评价一个包装容器是否真正舒适也并非完全一样。因此,我们将舒适度概念界定为:一种既有相对稳定性又具备发展性的定量方式所表达出来的舒适性系数。从生理学角度看,是人通过使用设计而获得舒适的快感。这种舒适是由外界因素刺激人的感觉系统,使人产生的一种愉快的心理感受。设计的舒适性是运用人体工学,使设计满足人们生理层次的需要、心理层次的需要和精神层次的需要。这些具有一定舒适度的设计不仅给人们的生产、生活带来方便,更重要的是使消费受众与产品之间的关系更加和谐。进而言之,对舒适度的设计应最大限度地迁就人的行为方式,体谅人的情感,使人在消费产品的过程中感到生理和心理上的舒适,进而获得一种精神上的愉悦体验。

包装容器造型设计的舒适度就是:消费者在购买和使用产品时,其包装容器在不同程度上给他们带来的舒适感及更高程度的愉悦感。实质上也是消费者的身体感官感受与接触物之间产生的一种定性或者定量的“愉悦程度”。

二、包装容器造型舒适度设计的三个层次

在以消费者为中心的包装容器造型舒适度的设计中,包装容器造型的舒适度设计可以根据每个人的生理、心理与长期以来接受文化程度的不一来分,可以分为三个层次:生理层次、行为层次和精神层次。它们都具备相对性、稳定性与发展性。

1. 生理层次

生理层次是指消费者与包装容器进行交互时,其尺寸、重量、形制、肌理、色彩、结构等各项物质指标是否符合消费者的各种医学生理标准,如手的尺寸、握力、摩擦力,眼的可视度、认知度等。例如:如何能让手中的容器握着舒服,在用握力计测量时,一般男子的握力相当于自身体重的47%~58%,女子的握力约相当于自身体重的40%~48%[①]。这些生理层次的特性在三个层次中起到非常大的作用,是行为层次与精神层次的物质基础与精神载体。生理层次的舒适度具有一定的稳定性,可以通过一定的数据去反映,但是也具有相对性,因为任何事物都是在一定的场效应下进行的。

春秋战国时期,《老子》中有这样的记载:“埏埴以为器,当其无,有器之用。凿户牖以为室,当其无,有室之用。”[②]任何事物不能只有“有”而没有“无”。“有”是形式,“无”是功能。古希腊苏格拉底的亲近弟子色诺芬在《回忆录》中记述了其尊师苏格拉底对美和功能的观点。当时众人认为美和效用没有任何关系;某些人又认为美是目的性的最高表现;苏格拉底则把美和效用联系起来,认为美必定是有用的,衡量美的标志就是效用,有用就是美,有害就丑。“盾从防御看是美的,但是在挑粪

① 张月:《室内人体工程学》,中国建筑工业出版社,1999年,第95页。

② 饶尚宽译注:《老子》,中华书局,2006年,第27页。

的时候，粪筐实用而盾不适用，所以此时盾又是丑的。”苏格拉底在每一件物品中寻找到它的含义，确定它和人的关系。所以，一件物品是美还是丑，要看它的效用。[①]而对于容器造型的舒适度的实用功能而言，容器基本的实用功能是满足舒适度的基础，其实用功能包括保护功能和认知功能。容器的保护功能是指保护内装物的功能，就是在运输途中起到防震、防摔的作用；认知功能则是指对产品信息的认知。如图 10－1 所示的药品包装对字体的大小、颜色疏密都十分讲究，其目的就是为了让消费者对产品的信息一目了然。

① 凌继尧:《艺术设计十五讲》，北京大学出版社，2006 年，第 9 页。

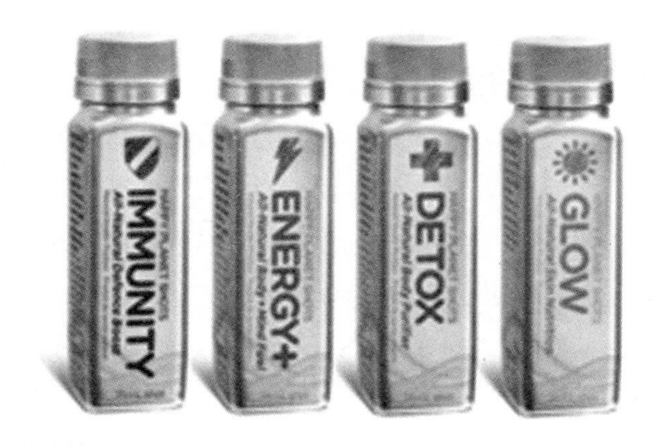

图 10－1　保健药品包装容器设计

2. 行为层次

包装容器造型舒适度所涉及的行为层次设计，是一种基于消费者生理层次设计的基础之上，容器的造型设计与消费者使用过程中的行为习惯的一种高度和谐的设计。其度即是设计中体现出来的与大众行为习惯的和谐程度系数。包装区别于一般的物品，有一个重要的功能就是方便流通与使用。所以包装设计不是单一地指装潢方面的设计，更多的是一种行为习惯的物化设计。这些行为习惯的物化点，体现了设计中行为习惯的一个舒适度。

从包装开启方式来看，包装盖的设计即是包装容器开启方式这种动作的物化点。因此，在设计过程中包装开启方式的设计，首先要分析包装使用者的一种开启行为习惯，其次才根据行为习惯设计包装瓶盖。从包装的流通过程来看，一般包装容器存在以下几个步骤：一是包装从生产厂家到专业卖点的流通过程；二是包装从专业卖场到消费者家中的过程。更多涉及行为层次设计的是第二个步骤，因此包装容器的把手设置与消费者提携的方式变成了行为设计中的一个重要的点。从使用过程来看，包装在使用过程中也涉及人与包装容器之间的一个互动过程，如“拿”矿泉水瓶，“开”盖“喝”水。如图 10－2 所示的这个简单的过程中就涉及用户与包装容器的三次互动，然而如何使消费者在这些互动过程中能符合他们的行为习惯，或者更好地改变他们的行为习惯，这也是行为设计层次中的一个重要方面。

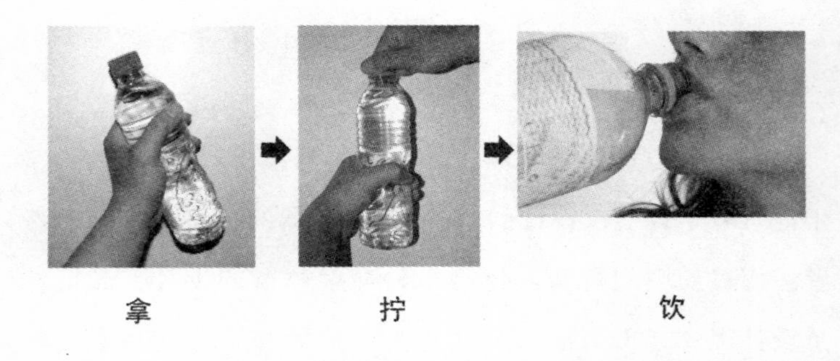

图 10－2　饮水过程中包装容器与用户的互动

因此，在进行包装容器造型与结构设计时，必须基于用户体验，对包装容器设计的每一个步骤，进行模拟实验，测试出最符合消费者习惯的行为方式，然后进行行为的物态移植。行为层次的设计在三个部分中起到承上启下的作用，它是精神层次形成的条件，也是生理层次的传达形式。

3. 精神层次

精神层次是包装容器舒适度设计的最高体现，也是容器造型与结构设计的最高标准。精神层次是基于生理层次与行为层次的基础上，与人的主观素质相融合所反映出的最终状态，是容器设计创意的灵魂，是设计师内心世界与产品内在气质的表达。

在容器造型“舒适度”的评价中，是否舒适，其实就是在生理层次的人机设计与行为层次的交互设计是否合理的基础上，体现出来的设计师心理愉悦的平衡度。对于包装容器舒适度的设计而言，我们通常主要关心的是人机设计，因为它是生理层次、行为层次以及精神层次的基础。人在其生理层次与行为层次得到满足以后，反映出一种与其生理机能和行为习惯相符合的平衡点，但是一旦超出了这个平衡点，人体即会对外界环境的变化产生抵抗，并且在这个不断碰撞与适应的过程中，人在心理上会产生一种感受，或是精神振奋，或是表现出疲劳。根据这个情感的变化过程，我们即可判断容器舒适与否。如图 10 - 3 所示的由 Jin Le 设计的饮料瓶首先在视觉上与用户的视觉习惯发生冲突，但是对于为了减肥而不辞辛劳的女生们来说，这种碰撞便是一种心理的诉求与安慰，然后当她们使用这个包装容器的时候，其瘦身的设计正好切合了用户的手形，以达到握瓶时的舒适。另外，其特殊的哑铃功能，正好可以满足消费者随时随地地进行锻炼的心理需求，并且适宜的重量，即使长久拿握也不会让人产生厌烦感，反而产生了一种心理上的愉悦，这便提升了该包装容器舒适度设计的精神层次。

图 10－3　Dumbbell Bottle 哑铃运动饮料

三、包装容器造型舒适度与人的感官适应性

人有五官，眼耳口鼻舌，相对应有“五感”：视觉、听觉、触觉、嗅觉、味觉。而消费者对产品的印象，就是通过感觉器官接受外部刺激，并把这些刺激和人脑中原有的记忆组合、联系而生成的结果。

那么，对于包装容器造型而言，包装容器的造型、色彩、商标、规格、用途、产地等，是消费者接触商品的最简单的心理过程。此时触觉、视觉、味觉、听觉和嗅觉等来接收有关商品的各种不同的信息，通过神经系统将信息传递到精神中枢，从而产生对商品的表面心理印象。如图 10－4 所示的购物心理图解，如何在这个接触过程中让人们从视觉、听觉、触觉、嗅觉、味觉五个方面感受到舒适呢？在这里，我们主要从视觉和触觉两个方面来谈。

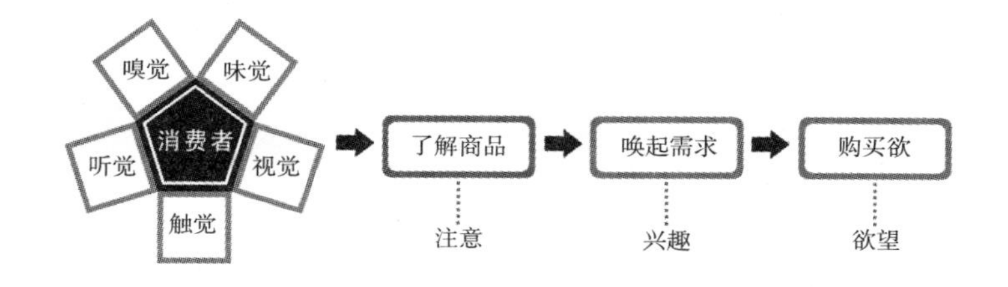

图 10－4　购物心理图解

（一）视觉方面

1．人对特定的比例几乎有着统一的爱好

“毕达哥拉斯学派从数的度量中发现了‘黄金比率’。源于古希腊的黄金比例，它是诸比率中美的典范。”黄金比例广泛存在于大自然中，大量体现在动、植物的结构中，比如优美的鹦鹉螺的螺旋主轴线就具有黄金分割的构成规律。黄金比例也存在于人自身中，从人体数据分析，人眼的高宽视域之比正好是“黄金比率”，人的躯干的高与宽之比大致相当于 1∶1.618。当包装容器造型在形态比例上为这黄金比例时，人们对其就产生了莫名的喜欢。据研究发现，黄金比例反映了生物结构的某种规律，能够适应人的某种生理和功能需要，因而能引起好感。人类在长期进化中，这种感觉功能根据优化选择的原则引导了人们的审美。

2. 人们的视觉对新颖独特的形态会产生深刻的印象

美国的一项调查表明：顾客进入超市，平均每人在陈列着 62000 种商品的货架前逗留 27 分钟，而平均每种商品的观赏时间只有四分之一秒。在这一瞬间想要引起顾客的注意，就全靠包装了。另外一项国外调查表明：大约有 50%～60%的消费者是看了包装后才决定购买的。[①] 而独特的形态是能够让包装从中脱颖而出的，例如仿生形态。我们传统的水容器都是简单包装的圆柱体。图 10－5 所示的多面体矿泉水包装，打造了一个宛若巨型钻石一般的华丽造型，其不规则切割面使瓶中的水仿佛具备了生命一般绽放光彩。

① 朱和平：《现代包装设计理论及应用研究》，人民出版社，2008 年，第 25 页。

图 10－5 多面体矿泉水包装

单纯来看待矿泉水瓶的造型语言，容器干净剔透，与水的视觉特征恰如其分地贴合。再看容器的形态，它来自于一颗细致雕琢的钻石，并且把它变成为一个瓶子。其原来晶莹剔透的规整形态在包装上抽象表现了出来，将有形转换为无形。并且利用切割边界，将灵动的钻石和包装相互结合，不可改变的客观事物越界到了包装容器造型设计中，使存放水的容器也赋予了光彩。这是容器造型的暗示意，连喝水这样简单的事情也变得特别起来。这种独特的造型手法，突破了传统的几何型，使得其在超市的展柜上能够脱颖而出，一目了然。

3. 人对色彩愉悦度的感知

色彩本身是没有感情的，但人们却能感受到色彩的情感。生活中积累着许多视觉经验，一旦知觉经验与外来色彩刺激发生一定的呼应时，就会在人的心理上引出某种情绪。这种情绪，也就是对色彩审美的联想。人们在挑选商品的时候，存在一个“7秒钟定律”[①]：面对琳琅满目的商品，只要7秒钟，人们就可以确定对这些商品是否有兴趣，色彩的作用占到67%，成为影响人们对产品喜好程度的重要因素。

图 10-6
Font Vella 酒水包装

人常常感受到色彩对自己心理的影响，这些影响总是在不知不觉中发生作用，左右我们的情绪。饮料、啤酒的包装瓶设计中常见的有淡蓝色、绿色(图 10-6)。在炎炎夏日淡颜色使我们感到轻快、凉

① 宁小军:《销售无障碍：品牌·品质·包装·团队·服务》，中国时代经济出版社，2009年，第118页。

爽、明朗，蓝、蓝绿等冷色以及明度、彩度低或具有缓和对比的色彩给人以沉静感。果汁、食品包装容器往往会使用鲜艳的对比色以引起我们的热情注意等等，红、橙、黄等暖色以及明度、彩度高或对比强烈的色彩给人以兴奋感，还会勾起人的食欲（图 10－7）。

图 10－7　夏日果汁饮品包装

在现在的包装设计中平时不常用的色彩也慢慢受到欢迎，灰色有沉静、舒展的感觉；黑色虽具紧张感，但彰显时尚与神秘。由于人们的生活体验、性格、性别、年龄、职业等的不同，对色彩的情感喜爱也不同。同一色彩所传达的情感不是固定的，在不同的时间、空间及心情下，会有不同的感受。

色彩是最抽象的语言，是情感与文化的象征。在包装容器设计上，色彩是首要的视觉审美要素，色彩深刻地影响着人们的视觉感受和心理情绪。人类对色彩的感觉最强烈、最直接，印象也最深刻。色彩对产品意境的形成有很重要的作用，在设计中色彩与具体的形象相结合，使包装产品更具生命力。包装产品形象的树立，来自于色彩对人的视觉感受和生理刺激，以及由此而产生的丰富的经验联想和生理联想，从而产生某种特定的心理体验。

（二）触觉方面

触觉是一种复合的感觉，一般分为温觉、压觉、痛觉等。根据材料表面特性对触觉的刺激性，产生舒适感和厌恶感。人们易于接受蚕丝质的绸缎、高科技感的金属表面、奢华质感的皮革、光滑的塑料和精美的陶瓷釉面等，喜欢接触细腻、柔软、光洁、湿润、凉爽等感受，有舒适愉快的官能快感；而对粗糙的、未干的、锈蚀等会产生粗、粘、涩、乱、脏等不快心理，造成反感，从而影响人的审美心理。

触觉的感受器是皮肤，皮肤表面的外皮、真皮和皮下组织等神经末梢与触觉的躯体感相关，感受压、热、冷、痒和愉快。深压和动觉是通过在肌肉、肌腱和关节里的神经纤维感觉。皮肤对外界刺激的感受主要是来自压力大小差异、温度差异、粒子大小差异和化学差异，以及由此而引起的心理上的愉悦感。

而人触觉的感受，离不开物体肌理的作用。无论是视觉肌理或触觉肌理，运用在包装上早已不是新鲜事，在我国古代包装中就存在不少肌理纹的运用。早期人类的包装容器莫过于陶瓷器，宋代的哥窑青瓷的开片的裂纹本属工艺缺陷，但它有着独特的装饰效果产生的肌理纹，运用在包装设计中产生了变幻莫测的奇效，带给人的不仅仅只是愉悦，还有想象和回味。还有金属凹凸纹理（图10－8）、石纹、瓦当纹拓印肌理效果、编制芦苇秆以及选用自然界中的原生态植物作为包装容器设计等的材料(图 10－9),给人以良好的触觉感受。这样将在包装容器上呈现出一种亲近自然的肌理美。

图 10－8　拓印纹肌理包装

图 10－9　原生态毛巾包装

触觉感受较视觉感受更加真实而细腻,消费者通过接触感觉目标而获得真切的触感。

通过触摸,消费者可以获得关于容器造型的细微信息。例如,容器直径是由所盛载的容量决定的,但一般最小不应小于 2.5mm,太小就失去它盛装东西的作用,最大直径若超过 90mm,拿取时就容易从手中滑落,有时还会扭伤手指和手腕。[1]包装容器直径不能超过手捏握的有效尺度,以便于手拿取容器进行开启、旋拧包装盖,当容器直径适中时就能使使用包装容器的过程变得舒适无障碍。另外,由于年龄的差别,抓握力度也各不相同,因此,根据不同的年龄对象对包装容器也要有不同的设计。图 10－10 所示的专为婴幼儿设计的“养乐多”乳制品包装,它的尺寸大小刚好适合婴幼儿手的抓握尺寸。

① 沈卓娅,刘境奇:《包装设计》,中国轻工业出版社,1999 年。

图 10－10　儿童养乐多饮料包装

在现代工业产品包装设计中，运用各种材料的触觉质感，不仅在产品包装接触部位体现了防滑易把握、使用舒适等实用功能，而且通过不同肌理、质地材料的组合，丰富了产品包装的造型语言，同时增加了产品包装的文化内涵，给人更多的舒适感。因此，感官感受体验直接决定了包装容器造型的好坏，同时也是评价包装设计能否成功的重要依据（图 10－11）。人体感官没有舒适的感受，包装也就脱离了以人为本的设计理念。

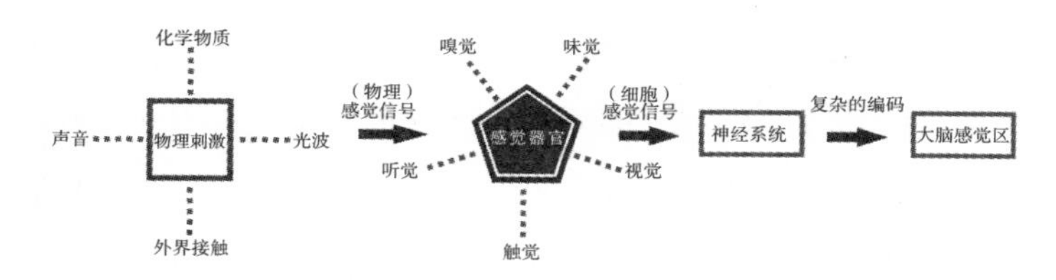

图 10－11　感觉信息传递过程

四、包装容器造型设计中舒适度的把握原则与方法

任何造物设计都是在有限时间、有限空间、有限人力、有

限资金等有限条件下完成的，设计者对设计活动各因素的认识和掌握也是有限的，设计者所采取的设计方法和自身的设计能力同样存在局限，因而设计成为有限资源的适度重组过程。“在中国古代的设计活动中，抓住了天时就适度地适应了天，把握了地利就是适度地适应了地，达到人和就是适度地适应了人，做到了物宜就是适度地适应了物，从而工巧，适度地适应了设计者自身。”西蒙也提出了“适应性的限度”的问题：“我们经常只能满足于近似地达到设计目的。那时，内部系统的性质就将‘显现出来’。”这个“近似地达到设计目的”也就是把握了“适应性的限度”，即“适度”。[①] 因此，设计者必须把设计活动限制在整个系统承载能力允许的范围内，限制在设计活动自身的承载能力允许的范围内，这样才能维持系统的平衡。

① 胡飞：《中国传统设计思维方式探索》，中国建筑工业出版社，2007年，第173页。

所以，包装容器“舒适度”的设计原则是：将包装容器设计这种造物活动放入一个事物链之中，以用户为中心，将包装与用户捆绑起来，设计师通过对用户需求、体验、评估及反馈等环节的测试来获取基本信息，再进行反复调节，舒适满足感才能在造物过程中体现出来。

在进行设计项目之初，需要进行用户研究，以用户的眼光来观察产品包装，与其互动并针对用户的需求来开发包装产品。这个过程中整合了人们在视觉、情感、社会方面的经历并且给予设计师一个设计视野。在设计开端就站在了用户舒适的角度，侧重于情感和社会层面，通过观察找到用户潜在的层次需求，帮助设计师了解用户的思想、心灵和体验。常用的方法有竞争产品研究、用户满意度调查、内容分析、用户访谈、可用性测试、专家评估等。正如有人所言："工业设计应该寻求人和人造环境之间的正面积极交流，优先提出问题'为什么？'而不是对草率提出的问题'如何？'作出回答。"[①]

在包装容器造型的设计中，我们可采用以用户为中心的思维方式进行设计开发，虽然不能保证最终产品尽善尽美，但是，却可以帮助产品满足用户的舒适需求。针对包装设计师如何做出舒适的包装产品，"从用户出发"有以下指导步骤：

首先，要想清楚我们为什么要了解用户？这个问题其实也涉及商业策略和市场营销等领域的内容，笔者认为，有意识地去关注和协助用户，其本身就是一个商业策略手段，目的无非是让用户更好地使用产品，提升销售份额，扩展市场范围。所以作为用户调研的基础，我们一样需要了解将要针对的用户群体是哪些，了解这些目标用户对商业策略会有什么帮助，如何来平衡或争取更大的市场、更多的用户群体。

其次，我们要了解用户什么？数据是有效的分析手段，但数据带来的指导性大多是宏观或解释性质的，在本质上往往很难作出有效的说明。比如用户为什么会放弃选择某类包装，为什么会一直忠诚于用某类产品包装等等。这些问题对于包装从用户出发的设计，从某种角度通过数据是无法得到有效的解释的。

最后，设计师挖掘用户需求的重要性，保持一颗想要接近用户的心。要在项目开始之前，收集信息；紧接着分析信息，整理信息使之可用，筛选信息使之有效，使信息分类明确；在此基础上挖掘信息，在其间，始终要明白用户是谁？用

① 胡飞：《中国传统设计思维方式探索》，中国建筑工业出版社，2007年。

户需要做什么？重要是先做什么？

所以，我们就需要真正了解用户的生活形态，通过消费者的活动行为及产品使用经验来推测消费者对包装的真正需求。如用户生活娱乐、对事物的兴趣程度、对事物的意见、用户一般的操作或使用的习惯、用户最终想要得到什么等相关要素。用户对销售包装容器造型的舒适度的评价是一个随着环境变化而不断修正的过程。判断包装产品的舒适与否也是人们的认知心理，每个人都有独特的认知，所以要设计出满意评价的包装造型来，要采用以“用户为中心”的方法进行包装容器造型的舒适度设计。

20世纪末，随着国际环保运动和绿色浪潮的兴起，“包装一人一环境”的关系成为现代设计的新理念，人性化是消费者对包装设计的舒适性提出的更高要求。他们认为，包装不应该仅仅是一种能保护产品、储存产品、运输产品、促销产品的载体，更应该是能在人使用时，维护与促进人的健康、调节心理情绪的有机体。基于这样的市场要求，设计师有必要从舒适性角度去重新认识包装设计的拓展空间及各种制约因素，使设计更符合舒适要求，满足消费者的需要。

参考文献

[1] 肖禾．包装造型与装潢设计基础[M]．北京:印刷工业出版社,2000.

[2] 故宫博物院编．清代宫廷包装艺术[M]．北京:紫禁城出版社,2000.

[3] 杜青莲．包装国家标准汇编[M]．北京:中国标准出版社,1986.

[4] 王受之．世界现代设计史[M]．北京:中国青年出版社,2002.

[5] 朱和平．中国设计艺术史纲[M]．湖南美术出版社,2003.

[6] 乔十光．中国传统工艺全集·漆艺[M]．大象出版社,2004.

[7] 湖北省博物馆．曾侯乙墓[M]．北京:文物出版社,1989.

[8] 冯先铭．中国古陶瓷图典[M]．北京:文物出版社,1998.

[9] 田自秉．中国工艺美术史[M]．上海:东方出版中心,2004.

[10] 孙诚．纸包装结构设计[M]. 北京：中国轻工业出版社，1995.

[11]柳冠中，事理学论纲[M]. 湖南：中南大学出版社，2006.

[12] 柯胜海，黎英．包装结构设计表现技法[M]. 合肥：合肥工业大学出版社，2007.

[13] 金国，斌朱巨澜，蔡沪建．包装设计师[M]. 北京：中国轻工业出版社，2003.

[14] 李砚祖．装饰之道[M]. 北京：中国人民大学出版社，1993.

[15] 宋建明．设计造型基础[M]. 上海：上海书画出版社，2000.

[16] 刘国余，沈杰．产品基础形态设计[M]. 北京：中国轻工业出版社，2001.

[17] 黄心渊．3DMAX6 标准教程[M]. 北京：人民邮电出版社，2004.

[18] 张颖．3DMAX4 基础教程[M]. 北京：北京希望电子出版社，2001.

[19] 周威．玻璃包装容器造型设计[M]. 印刷二页出版社，2009.

[20] 陈定方，罗亚波．虚拟设计[M]. 北京：机械工业出版社，2002.

[21] 申蔚，夏立文．虚拟现实技术[M]. 北京：北京希望电子出版社，2002.

[22] 高士奇，关于思维科学（代序）[M]上海：上海人民

出版社,1986.

[23] 诸葛铠,设计艺术学十讲,[M]. 济南:山东画报出版社,2006.

[24] 伍立峰. 设计思维实践[M]. 上海:上海书店出版社,2007.

[25] (美)鲁道夫·阿恩海姆著,滕守尧、朱疆源译. 艺术与视知觉[M]. 成都:四川人民出版社. 1998.

[26] (俄)康定斯基著,罗世平、魏大海、辛丽泽译. 康定斯基论点线面[M]. 北京:中国人民大学出版社,2003.

期刊:

[1] 王立党,赵美宁,李小丽. 基于人体功效的新型儿童安全包装盖的设计[J]. 昆明理工大学学报,2005(3):45—46.

[2] 马洪娟. 美国儿童安全包装的发展历史与现状(下)[J]. 中国包装工业,2003(7):14—15.

[3] 廖启忠. 易开启塑料容器封口盖. 材塑料包装[J],1996(3):12—13.

[4] 曹利杰,韩炬,马伟伟. 金属包装容器封口方式分析[J]. 包装工程,2006(6):52.

[5] 清心新. 型包装技术——纸板封盖[J]. 中国食品工业,2000(12):48.

[6] 辛巧娟. 包装封口盖发展漫谈[J]. 包装世界,2000(1):88.

[7] 何巧红. 产品包装与包装营销策略[J]. 包装工程,

2003(6):18.

[8] 张逸新,吴梅．包装的材料防伪技术[J]．包装工程,2003(5):110.

[9] 阎勇舟,郁新颜．产品包装的舒适性研究[J]．包装工程,2005(3):11－12.

[10] 安首立．包装设计与“无障碍”[J]．中国包装,1997(4):19.

[11] 叶德辉．产品包装的人性化设计[J]．包装工程,2005(5):72－74.

[12] 王华勇．产品设计中信息传达要素之研究[J]．武汉理工大学学报,2005(2):67.

[13] 许亮．设计适合老年人的包装[J]．包装工程,2005(5):102－103.

[14] 熊兴福,李晓东．论老年用品包装设计的人文关怀[J]．包装工程,2005(10):10－11.

[15] 汪再文．研发老年用品包装刻不容缓[J]．中国包装工业,2006(8):19－21

[16] 杨明朗,杨晓丹,吴国荣,卢晓琴．老年产品包装的现状与发展趋势[J]．包装与食品机械,2004(6):13－14.

学位论文:

[1] 曾庆抒．产品的情感设计研究[D]．长沙:湖南大学设计艺术学院,2005.

[2] 谭林涛．设计事理学理论、方法与实践[D]．北京:清华大学美术学院,2004.

[3] 钱竹．视觉、意识以及与之联系的设计[D]．无锡：江南大学设计艺术学院，2004．

[4] 李湘皖．以消费者认知价值为中心的包装设计[D]．长沙：湖南大学设计艺术学院，2006．

[5] 张锐．以人为本的设计要素研究[D]．长沙：湖南大学设计艺术学院，2004．

[6] 唐建山．基于情境信息的产品愉悦感设计研究[D]．长沙：湖南大学设计艺术学院，2006．

后 记

本书系湖南省哲学社会科学基金项目“基于物联网技术的电子商务‘减量化’包装设计研究”(12YBA110)和湖南省教育厅青年项目“基于二维码技术的电子商务‘零包装’设计研究”(12B033)的结题成果之一。经过四年多的撰写,几经波折之后,又作了多次修正,才终付梓。掩卷之时,感慨良多。一是包装是一门多学科相互交叉的边缘性学科,需要与其他学科进行多维结合,这就使整个研究增加了难度。而作为一个青年研究者,苦于学识有限,要完成这样一个交叉性十分强的学术著作的撰写,着实有相当多的困难。二是国内相关的包装容器造型的理论研究成果甚少,个别专题如《“五维一体”包装容器造型计算机辅助设计》、《包装开启方式设计》、《古代包装容器发展演变考述》等,完全是一个新的研究领域,这就不仅要求我在研究过程中关注和掌握最前沿的科技知识,而且要搜集大量的与包装容器相关的古代实物资料,并需对收集的资料进行多角度的分析与归纳,发现问题,总结归律,其研究难度不言自明。

在四年多的艰苦撰写过程中,我付出了最大的努力,但由于个人精力及能力的关系，书中仍有诸多的问题和内容没有得到充分的展开和进一步的深入，有些理论的提出也难免会有偏颇之处，缺憾和不足在所难免。因此，本书的完成，既可以看作是我在之前一段时间内思考和努力的结果，也可以当作是我未来学术研究道路的起点。今后的学术道路还很漫长，中途可能还将遇到各种困难，也需要不断解决各种复杂的问题，尽管如此，我也将继续前行。

在编写本书的过程中，始终得到了家人以及众多师友的支持与帮助，其中要特别感谢我的导师朱和平教授，先生宽阔的学术视野和独特的思考角度，渊博广深的学识，严谨的治学态度，令我终身受益；该书在撰写、修改的过程中，每当遇到瓶颈时，先生总是鼓励着我，并给予了我诸多的意见和建议。正是先生一次次春风化雨般的教诲和不断的鼓励与鞭策，才使得我完成了本书的撰写。此外，还要感谢我大学期间的老师肖禾教授，在本书的撰写过程中，肖教授给了我诸多修改意见，开启了我的思路，令我感悟至深，难以言表。可以说，如果没有他们的细心指导与帮助，本书是很难成册的。

还要特别指出的是本书第三章第四节、第五章、第十章的部分内容是在湖南工业大学硕士研究生龙健的硕士论文《硬质包装容器形态造型语意研究》、陈竑的硕士论文《包装造型结构虚实空间的应用研究》、邓纯的硕士论文《包装造型舒适度研究》的基础上拓展、深化写成的。另外，在成书过程中友人邓昶、肖晓、郑超等参与了本书的文字编校与图片的整理工作，我的学生徐萍、伍梓鸿、李晓、王洋、刘志威、郭歌等人在学习之余还帮我查找了不少资料，在此一并对他们表示衷心的感谢。另外，在本书编写过程中还引用了其他同行及专家的某些案例，虽力求标明出处，但难免有疏忽之处，谨表歉意！本书由于成书仓促，不仅理论深度有待提高，而且各章节成稿的时间不一，文风上也因成稿先后略有差异，敬请读者见谅！尽管书中有诸多不足，在此也恳请专家学者及读者朋友们予以指正！

柯胜海

于株洲东环新城

2013－6－1